化學

教學設計：教師能力升等訓練手冊

主　編　杜楊
副主編　李遠蓉，杜正雄

崧燁文化

目　錄

前言　　006

第一章　教學設計基礎理論 ·· 007
第一節　教學設計概述 ··008
第二節　教學設計的理論基礎 ····································010

第二章　化學教學設計模式 ·· 035
第一節　化學教學設計模式簡介 ··································036
第二節　化學教學設計模式的分析 ································042

第三章　化學教學設計的背景分析 ································ 057
第一節　化學學習需要分析 ······································058
第二節　化學學習情況分析 ······································060
第三節　化學學習內容分析 ······································064

第四章　化學教學目標設計 ·· 083
第一節　化學教學目標概述 ······································084
第二節　化學教學目標分類理論 ··································085
第三節　化學教學目標設計的原則和步驟 ························088
第四節　化學教學目標的編寫 ····································090
第五節　化學教學任務分析 ······································100

第五章　針對不同類型知識內容的化學教與學過程設計 ········ 109
第一節　化學知識的定義及分類 ··································110
第二節　化學陳述性知識的教學設計 ······························111
第三節　化學程序性知識的教學設計 ······························116
第四節　化學問題解決的教學設計 ································121

第六章　基於資訊技術與學科整合的化學教學設計 ············ 133
第一節　資訊技術與化學課程整合理論概述 ······················134

第二節　基於資訊技術與課程整合的化學教與學模式 138

第七章　發展性學習評價與中學生化學學習困難診斷　153
第一節　化學學習評價概述 154
第二節　化學學習困難的診斷 162

第八章　化學教學設計的評價　175
第一節　化學教學設計的評價概述 176
第二節　化學教學設計的評價過程 183
第三節　化學教學設計的評價案例分析 188
第四節　化學能與電能 202

附錄：中學化學教學設計案例賞析　209
　　案例一：化學能與電能 210
　　案例二：原電池 216
　　案例三：電浮選凝聚法的優化設計 222

005／目錄

▎前言

　　化學教學設計能力是化學教師專業化的重要體現，是檢驗教師教學能力的重要組成部分，也是提高從師任教能力的重要途徑。如何引導師範生高效地進行中學化學教學設計，一直是我們思考的問題。教學設計能力的內涵十分廣泛，包括制訂恰當教學目標的技能，恰當組合教材內容的能力，分析學習者特徵的技能，選擇教學模式與教學方法的技能，預測課堂變化的技能，進行教學評價的技能等。它融合了教育學、心理學、教學論和化學學科的知識，且需要教師根據不同的教學環境和學生水平進行調整，是教學智慧綜合展現的過程。都說教學有法、教無定法、貴在得法，上述過程所涉及的方法和策略的掌握，還需要在教學實踐中不斷運用、感悟、反思和優化。

　　本書從教學設計能力提升、發展的實際需要出發進行整體架構。首先介紹了相關的教學設計基礎理論，然後分別從教材分析、學情分析、目標設計、策略選擇上進行了深入、具體地闡釋。為了降低學習者理解的難度，增強理論對實踐的指導性，我們精心選擇了中學化學典型的優秀教學案例穿插其中，同時注重兼顧教學策略的多樣性和不同教學內容的特點。在本書的結尾部分，設計了中學化學教學案例賞析環節，供學習者自學使用，也可以作為教師教學時的參考。

　　參與本書編寫的有杜楊、李遠蓉、杜正雄、盧一卉、何松、劉彥君、白雲文等，全書由杜楊統稿、定稿。感謝廖伯琴老師給予的關心和支持！對案例的設計者及所有為本書出版辛苦付出的朋友們，在此也一並感謝！

杜楊 2015 年 11 月

第一章　教學設計基礎理論

本章導學

　　本章主要介紹教學設計的含義、意義以及理論基礎。第一節在對教學設計三種不同的含義進行分析的基礎上，介紹了化學教學設計的含義及意義，屬於理解性內容；第二節介紹了教學設計的四大理論基礎，並重點分析了學習理論及教學理論指導下的教學設計。

學習目標

1. 從不同的角度理解教學設計的含義。
2. 理解學習理論及其教學設計觀對教學設計的指導作用。
3. 掌握教學理論，併發揮化學學科的教學理論對教學設計的指導作用。
4. 瞭解系統理論對教學設計的指導作用。
5. 瞭解傳播理論對教學設計的指導作用。

第一節　教學設計概述

一、教學設計的含義

教學設計 (Instructional Design，簡稱 ID)，又稱為教學系統設計 (Instructional Systems Design)、教學開發 (Instructional Development)、教學系統開發 (Instructional Systems Development)。

在教學設計的發展與演變過程中，研究者立足於自己的研究視角對教學設計概念的界定存在著多種不同的觀點，歸納起來大致有以下三種觀點。

1. 教學設計是一個過程

代表人物有加涅 (R.M.Gagné)、肯普 (J.E.Kemp)、史密斯 (P.L.Smith)、雷根 (T.J.Ragan) 等人。這種觀點將教學設計看作一個系統規劃或計劃的過程，即教學設計是用系統的方法分析教學環境、明確教學問題、研究解決問題的途徑、形成教學方案、評價教學結果等問題的過程。

2. 教學設計是一種技術

代表人物是美國著名教學設計專家梅瑞爾 (M.David Meril)。這種觀點將教學設計視為開發學習經驗和學習環境的技術，認為「教學是一門科學，教學設計是建立在教學科學這一堅實基礎上的技術，因而教學設計也可以被認為是科學型的技術 (Sciencebased Technology)」。

3. 教學設計是一門科學 / 學科

這種觀點將教學設計看作設計科學的子範疇，其代表人物是帕頓 (J.V.Paten) 和瑞格盧斯 (Charles M.Reigeluth)。帕頓 (1989 年) 在《什麼是教學設計》一文中指出：「教學設計是設計科學大家庭的一員，設計科學各成員的共同特徵是用科學原理及應用來滿足人的需要。因此，教學設計是對學業業績問題的解決措施進行策劃的過程」。瑞格盧斯在《教學設計是什麼及為什麼如是說》一文中指出：「教學設計是一門涉及理解與改進教學過程的學科。任何設計活動的宗旨都是提出達到預期目的最優途徑，因此，教學設計主要是關於提出最優教學方法的處方的一門學科，這些最優的教學方法能使學生的知識和技能發生預期的變化。」

閱讀、思考之後，你會發現似乎上述三種說法都很有道理。仔細梳理一下，我們不難發現它們的不同之處：第一種觀點突出教學設計的操作性，強調教學設計如何操作以及操作的程序與步驟；第二種觀點突出教學設計的技術性，強調教學設計過程中創設與開發學習經驗和學習環境的技術與方法；第三種觀點突出教學設計的學科屬性，指出教學設計隸屬於設計科學。這三種觀點反映了人們認識和理解教學設計的不同視角，觀點之間也並不矛盾，只是強調與側重的方面有所不同，三者實際上都是在闡述教學設計不同方面的性質與特點。

本書將教學設計界定為「用系統的方法分析教學環境、明確教學問題、研究解決問題的途徑和方法、形成教學方案、評價教學結果等問題的系統規劃的過程。」化學教學設計就是依據系統論的觀點和方法，運用現代教育心理學和教學設計的基本原理和技術，根據教學目標和教學對象的特點，有效安排和組織各種化學教學資源，使之序列化、最優化、行為化，以提高化學課堂教學效果而制訂教學方案、評價教學結果的系統規劃的過程。

二、教學設計的意義

教學設計過程既涉及教師對教學諸要素的內在認知加工過程，也涉及如何有效選擇、安排和呈現教學資訊，組織教學實踐活動的行為操作過程。一個有效、完整的化學教學設計需要解決四個方面的問題。

(1) 教學的起點在哪裡？

(2) 教學的終點在哪裡？

(3) 如何到達終點

(4) 如何確認是否到達了終點？這四個問題的解決需要教師在教學設計中注重教學主體分析、教學目標設計、教學內容和組織策略等內容的設計以及教學的監控與評估。因此，完整的教學設計中應包含教材分析、學情分析、教學目標、教學過程等方面的內容。

由此可見，教學設計的過程實際上就是為教學活動制訂藍圖的過程。通過教學設計，教師可以對教學活動的基本過程有個整體性的把握，可以根據教學情境的需要和教學對象的特點確定合理的教學目標，選擇適當的教學方

法、教學策略，採用有效的教學手段，創設良好的教學環境，實施可行的評價方案，從而保證教學活動的順利進行。另外，通過教學設計，教師還可以有效地掌握學生學習的初始狀態和學習後的狀態，從而及時調整教學策略、方法，採取必要的教學措施，為下一階段的教學奠定良好基礎。可以說，教學設計是教學活動得以順利進行的基本保證。好的教學設計可以為教學活動提供科學的行動綱領，使教師在教學工作中事半功倍，取得良好的教學效果。忽視教學設計，不僅難以取得好的教學效果，而且容易使教學走彎路，影響教學任務的完成。

第二節　教學設計的理論基礎

在對教學設計有了一個基本的瞭解之後，我們需要對教學設計的理論基礎做進一步的理解。教學設計的理論基礎主要包括學習理論、教學理論、系統理論和傳播理論。我們將分別加以闡述。

一、學習理論

教學設計的發展與學習理論的研究息息相關。20世紀50年代以來，學習理論歷經行為主義、認知主義和建構主義等不同發展階段，對教學設計的影響與日俱增。其中對教學設計影響較大的有行為主義學習理論、認知主義學習理論、人本主義學習理論和建構主義學習理論，並由此形成相應的教學設計觀。教學設計觀是在一定教學理論指導下，支配教學設計的思想和觀點，主要體現在教學目標、教學內容、教學過程及教學評價方面。

(一)行為主義學習理論及其教學設計觀

1. 行為主義學習理論的基本觀點

行為主義學習理論的發展始於20世紀30年代，其代表理論是桑代克(Thorndike,E.L.)的「試誤說」、華生(Watson,J.B.)的「刺激-反應說」、斯金納(Skinner,B.F.)的「操作條件反射說」。該學派的基本觀點是：學習過程是有機體在一定條件下形成刺激與反應的聯結，從而獲得新的經驗的過程。

2. 行為主義學習理論的教學設計觀

(1) 教學目標

在桑代克看來，教育的目的在於把其中的某些聯結加以永久保持，把某些聯結加以消除，並且把另一些聯結加以改變或引導。因此，教學的目標就是幫助個體形成刺激-反應的聯結，形成相應的行為習慣和技能。行為主義者追求教學目標的精確化和具體化，提出用可觀察行為動詞界定各類教學目標，並依此進行教學傳遞和評價。在實際教學中，具有行為主義立場的化學教師，往往著眼於學生通過教學活動能記住多少知識點或者是否學會某種技能。

(2) 教學內容斯金納認為，一個有機體主要是通過在其環境中造成的變化來進行學習的。學習的關鍵在於如何呈現教材，即設計出恰當的程序化教材。行為主義者往往將教材作為一種終極目標，是教學的法定依據。一切教學活動都是緊緊圍繞教材展開的，教材幾乎是全部的教學內容。

(3) 教學過程

一般來說，行為主義者強調知識的準備，即學生在學習一個新的內容之前，應該有相應的知識作為基礎，教學遵循由簡單到複雜、由個別到一般、由具體到抽象的原則，並以程序化的方式進行。行為主義學習理論反映在教學設計中，集中表現為一種對教學情境的精密控制，這充分體現在斯金納提出的程序教學中。程序教學的步驟如下：①確定學生所需要掌握的知識和達到的技能。②小步子呈現資訊。將刺激物比如教材分成許多小片段，按照由簡單到複雜的順序逐步呈現在學生的眼前，兩步之間增加的困難很小。③學生對刺激物做出積極的反應，教師對學生的反應做出即時的反饋。假如學生的答案是正確的，教師給予獎勵或表揚以示強化，鼓勵學生有信心去解決下一個問題；如果答案是錯誤的，教師需指出錯誤的原因，並引導學生一步一步地去分析、解題，直到掌握了這個知識點，才可以進入下一個問題的學習。可見，教學過程完全是教師程序化控制的講授過程，學生只是被動的知識接受者。

(4) 教學評價

任何一種教學設計都不是萬能的，都有其適用的教學情境。由於不同的教學設計所面對的教學對象不同，教學環境不同，完成的教學目標、使用的

操作程序也不同,評價的方法和標準也就不盡相同。行為主義者關注的重點是:通過教學,有哪些知識進入學生的大腦中,同時又是通過哪些行為變化來反映學習後的結果。行為主義的教學評價觀和評價方式具有如下特點:①往往用「動詞」表示教學目標,如「知道」「瞭解」「記住」「會」等字眼;②設計經常性的練習,一般在一個知識點或一節課後,就要及時練習、測試;③往往選擇能夠明確表達學習結果的題型來進行測驗,如填空題、判斷題、選擇題等條件完備、結論確定的封閉型試題;④往往強調標準答案,一般不允許有悖於教材的答案。可見,行為主義學習理論重視學習結果的評價,而這種只注重學習結果、忽視學習過程的教學設計是不能解釋人類學習的綜合性和思辨性的。

(二) 認知主義學習理論及其教學設計觀

1. 認知主義學習理論的基本觀點

由於行為主義把對動物學習研究的結論推廣到人類學習上,把人和動物等同起來,過於簡單化、機械化,難以解釋人類複雜的學習現象。以布魯納 (Bruner,J.S.) 和奧蘇貝爾 (Ausubel,D.P.) 等為代表的認知主義心理學家提出,學習是學生內部認知結構的形成和改組,心理學應該關注學生內部認知結構的形式及其變化。

(1) 布魯納的「結構—發現」理論

布魯納認為,學習是通過類別化的資訊加工活動,積極主動地形成認知結構或知識的類目編碼系統的過程。學習的實質是學生主動進行資訊加工活動,形成認知結構,結構化的知識更有利於保持和提取。因此,在教學中,布魯納非常強調讓學生掌握學科的基本結構,認為教學的最終目標是促進對學科結構的一般理解。另外,布魯納認為發現學習是學習知識的最佳方式。所謂發現學習,是指學生利用教材或教師提供的條件自己獨立思考,自行發現知識,掌握原理和規律。對應於教學過程,教師不應將學生視為被動接受知識的容器,應為學生提供一定的材料,創設問題情境,引導其獨立地發現問題、分析問題和解決問題,從中發現事物之間的聯繫和規律,獲得相應的知識,不斷形成或改造自己的認知結構。

(2) 奧蘇貝爾的有意義學習理論 (Theory of Meaningful Leaning) 奧蘇貝爾

認為，學生的學習主要是有意義的接受學習，是通過同化當前的知識，並與原有的認知結構建立實質的、非人為的聯繫，使知識結構不斷發展的過程。

①意義學習

奧蘇貝爾將「學習」分為「機械學習」和「意義學習」。「機械學習」是指學習一系列相互之間不存在意義關聯的材料，或學生在學習中並未理解材料之間的意義聯繫。「意義學習」則是指通過理解學習材料的意義聯繫而掌握學習內容的學習。有意義學習的實質是新知識與學生認知結構中已有的相應知識、觀念建立實質性和非人為的聯繫。意義學習是通過新知識與學生認知結構中已有的有關概念的相互作用才得以發生的。學生能否習得新知識，主要取決於他們認知結構中已有的有關概念。

②先行組織者 (Advance organizer)

奧蘇貝爾認為，新知識只有與當前認知結構中有關的概念聯繫起來的時候，才能有效地被學習和保持。如果新知識與現存的認知結構有著嚴重的矛盾或者毫無聯繫的話，它就不可能被吸收和保持。「先行組織者」策略是指教師在講授新知識之前，先提供一些包容性較廣的、概括水平較高的學習材料，用學生能理解的語言和方式表述，為學生學習新知識提供一個較好的固定點，讓它與原有知識結構聯繫起來。這種預先提供的起組織作用的學習材料就叫作「先行組織者」。

2. 認知主義學習理論的教學設計觀

(1) 教學目標

認知主義學習理論在教學目標設計時，注重學生知識結構和方法的掌握並形成相應的認知結構。如在奧蘇貝爾的有意義學習理論中，著重強調了概括性強、清晰、牢固、具有可辨性和可利用性的認知結構在學習過程中的作用，並把建立學生對知識的清晰、牢固、適當的認知結構作為教學的主要任務。

(2) 教學內容

認知主義學習理論者不把教材作為一種目的，而是作為一種教學的素材，最終目的在於借助教材使學生掌握更多的知識，發展相應的能力。因此，在

教學過程中，必須對教材進行新的加工，使其有利於學生重組自己的知識。

(3) 教學過程

與行為主義者相比，在教學準備階段，認知主義者更加重視學生的心理準備狀態。他們認為，與其說教學目的的實現是舊知識的延伸，還不如說教學目的是通過發展學生的認知水平實現的，而學生的認知水平很大程度上取決於他們的認知願望、情感的要求。因此，上課伊始，具有認知主義觀點的教師不是要先復習舊知識，然後開始新課，而是先把富有「挑戰性」的課題擺在學生面前，激發學生的認知興趣，然後追溯原有的知識和經驗，尋求問題的答案。認知主義者認為教學過程是不斷產生和爆發思想火花———頓悟的過程。在教學過程中，教師應尊重學生的主體性，將教學過程作為學生自主發現的過程。教師往往將新知識以問題的形式呈現給學生，這些問題旨在引起學生的認知衝突，而非一些事實性的問題，然後讓學生提出各種各樣的假設，設計方案去驗證假設、解決問題。

(4) 教學評價

認知主義者認為學習是學生的知覺與外界交互作用的過程。因此，他們將測驗的目標放在考查每個學生能否運用適當的知識去解答問題，看學生對問題的解答是否與他所佔有的資料或事實一致，看學生的回答是否清晰嚴密，論題、論據和結論是否前後一致等。因此，試卷往往是以問題為中心進行編制，答案的開放性強，評價也不強調教師的權威而往往借助於學生集體的討論和評價。

(三) 人本主義學習理論及其教學設計觀

1. 人本主義學習理論的基本觀點

人本主義學習理論的代表人物主要有馬斯洛 (A.H.Maslow)、羅傑斯 (C.R.Rogers) 等。它強調學習過程中人的因素，其基本的學習觀點是：必須尊重學生並將其視為學習活動的主體，尊重學生的意願、情感、需要和價值觀，相信任何真正的學生都具備自我教育、發展自身的潛能，並最終達到「自我實現」。因此，人本主義強調師生間應建立良好的交往關係，形成情感融洽、氣氛適宜的學習情境。

人本主義學習理論認為情感與認知是人類精神世界中兩個不可分割的有機組成部分，彼此是融為一體的，也是「完整的人」應具備的兩個方面。然而為了培養「完整的人」，教師必須採取有效的方法來促進學生的變化和學習，培養他們適應變化和如何學習的能力。人本主義學習理論認為，教學應遵循以下原則。

(1) 重視個人意義的學習

人本主義認為，在適當的條件下，每個人所具有的學習、發現、豐富知識與經驗的潛能和願望是能夠被釋放出來的。因此，在進行教學設計時，應充分信任學生的潛在能力，以他們為中心，激發其高層次的學習動機，從而使他們能夠對自己進行教育，最終把他們培養成「完整的人」。

人本主義學習理論充分肯定了學生的中心地位，為學生進行有意義的學習創造了條件。這裡所說的有意義學習是指一種使個體的行為、態度、個性以及價值觀發生重大改變的學習，它關注學習內容與個人之間的關係，主要包括四個方面的因素。第一，學習具有個人參與的性質，即人的情感與認知全部投入學習活動。這是進行有意義學習的前提。第二，學習是自我發起的。這充分顯示了個體在學習中的地位。第三，學習是滲透性的。這意味著學習能使學生的行為、態度，乃至個性都發生變化。第四，學習是由學生自我評價的。這說明學生自己對有意義學習起著重要的作用。人本主義學習理論認為只有學生具有了學習的中心地位，才能全身心地參與學習活動，自覺地深入地進行學習，才能有意識地進行自我評價，從而促進教學活動得以順利進行。

(2) 創設真實的問題情境

與建構主義學習理論一樣，創設真實的問題情境是基於人本主義學習理論的教學設計的首要任務。它是一種支持學生進行有意義學習的各種真實問題的組合。

羅傑斯 (C.R.Rogers) 認為，如果要使學生全身心地投入學習活動，那麼就必須讓學生面對對他們個人有意義的或與他們有關的問題。但在我們當今的教學活動中，學生與生活中所有的真實問題還存在很大的隔閡，這對學生的有意義學習造成了很大的損失。為此，如果我們希望學生成為真正自由的

和負責的個體,就應該為他們創設各種真實的問題情境。

(3) 充分利用多種學習資源

學習資源,狹義上是指課程學習資源,包括支撐教學過程的各類軟件資料和硬件系統。廣義上,學習資源還包括一切可為教學目的服務的人、財、物,由學習材料與教學環境兩大類組成。與傳統教學相比,人本主義學習理論強調教師應將大量時間放在為學生提供學習所需的各種資源上。因為當學生覺察到某些學習資源與他自己的目的有關時,有意義學習便可以發生;當某些學習資源有悖於學生自己的看法時,有意義學習往往會受到抵制。

(4) 追求學習過程的開放性

人本主義學習理論認為學生的學習是一種在教師幫助下的自我激發、自我促進、自我評價的過程。在這一過程中學生不僅收穫了知識,掌握了學習方法,還形成了健全的人格。因此,基於人本主義學習理論的學習過程是自由開放的,是依靠學生根據自己的個性來選擇學習路徑的。

2. 人本主義學習理論的教學設計觀

(1) 教學目標

人本主義學習理論認為,在教學目標上應強調發展學生的個性與創造性,幫助學生獲得自我實現,教學要發展學生的個性,充分調動其內在的學習動機,創造和諧融洽的師生關係。

(2) 教學內容

人本主義學習理論強調學生的直接經驗。羅傑斯認為學習不僅受環境的支配,學生還可以自主開展學習,自由選擇學習內容,讓學習成為學生自己的學習。因此,在教學內容方面,教師提供現實的且與所教課程相關的問題與環境,並激發學生內在的動機,促使其進行探究性學習。由於要激發學生的內在動機,教學內容必須是學生感興趣的,並能夠引起他們自由發揮與選擇。

(3) 教學過程

人本主義學習理論強調教學過程應促進學生的自由發展,是讓學生在安全的心理氣氛中不斷釋放內在能量的過程,教學要為學生創造一個良好的環

境，讓其從自己的角度來感知世界，強調學生的直接經驗，達到自我實現的目標。因此，教學的任務就是創設一種有利於學生學習潛能發揮的情境。教師的任務是幫助學生增強對變化的環境和自我的理解，而不應該像行為主義學習理論所主張的那樣，用安排好的各種強化手段去控制或塑造學生的行為。在教學方法上，主張以學生為中心，放手讓學生自我選擇、自我發現。此外，羅傑斯將人本主義思想運用於教學研究與實驗，確定了「情意教學論」和「以學生為中心的教學模式論」。

(4) 教學評價

人本主義學習理論強調自我評價。人本主義學習理論一改傳統的由他人對學生進行評價的方式，而讓學生自己對學習目標以及完成程度進行評價，並認為只有學生自己決定評價的准則、學習目標以及目標達成的程度並負起責任，才是真正的學習。

（四）建構主義學習理論及其教學設計觀

1. 建構主義學習理論的基本觀點

20世紀90年代以來，認知主義學習理論由於本身的局限性，受到來自建構主義學習理論的挑戰。建構主義學習理論在吸收認知主義關於認知加工觀點的基礎上，提出對學習過程本質的不同看法。對建構主義思想的發展起推波助瀾作用，並將它與人的學習直接聯繫起來的要首推杜威（J.Dewey）、皮亞傑（J.Piaget）和維果茨基（Л.С.Выготский）三人。

建構主義學習理論認為學習是在一定的情境即社會文化背景下，借助他人的幫助，運用已有的經驗，對所提供的資訊進行新的意義建構的過程。即在學習過程中，一方面學生以自己已有的知識經驗為基礎，通過與外界的相互作用，對新的資訊進行加工處理，以實現對新資訊的意義建構；另一方面，學生又要對自己原有的經驗進行改造和重組。不論是獲得知識技能還是運用知識技能解決實際問題都同時包含了這兩方面的建構。建構主義學習觀是一種全新的學習理論，它對我們進一步認識學習本質、揭示學生學習規律、指導教學設計具有積極的意義。

2. 建構主義學習理論的教學設計觀

(1) 教學目標

以建構主義的觀點來看,教學應該是一個學生利用經驗和已有知識主動建構新知識的過程。因此,教學目標被「意義建構」所取代,使得「知識」這一概念含糊、籠統。建構主義教學觀強調培養學生借助已有的知識經驗主動建構新知識的能力,即培養學生的自學能力、研究能力、思維能力、表達能力和組織管理能力。

在編寫教學目標時,強調應有一定的彈性和可變性,如採用認知目標分類的層次來標識(掌握……,理解……),避免將教學目標簡單化的傾向,不能採用傳統的行為式的教學目標;強調知識的情境性、整體性,強調知識應在真實任務的大環境中呈現,學生在探索真實的任務中達到學習目標。所以在編寫教學目標時,應避免過度抽象、過度細化、過度分散、過度單調的邏輯關係,而應該採用一種整體性的教學目標編寫方法。

(2) 教學內容

建構主義者特別是激進的建構主義者,一般強調知識並不是對現實的準確表徵,它只是一種解釋、一種假設,不是問題的最終答案,而且知識並不能精確地概括世界的法則,在具體使用中,需要針對具體情境進行再創造。因此,課本知識是一種關於現象的較為可靠的假設,而不是問題的唯一正確答案。學生對這些知識的學習是在理解的基礎上對這些假設做出自己的檢驗和調整的過程。因此,作為課本知識並不是唯一的教學內容。

(3) 教學過程

在建構主義學習理論指導下,學生和教師的角色發生了歷史性的轉變:學生從外部刺激的被動接受者和知識的灌輸對象轉變成知識意義的主動建構者;教師從文化傳承執行者的角色轉換為學生知識意義建構的幫助者、協作者、組織者和促進者。因此,教學模式由以教為主轉變為以學為主。在以學為主的教學模式中,因為採用了自主學習策略,學生可以按照自己的認知結構、學習方式,選擇自己需要的知識,並以自定的進度進行學習。在建構主義的教學模式下,目前已開發出的、比較成熟的教學方法主要有以下幾種。

①支架式教學 (Scaffolding instruction)。支架式教學要求教師事先要把複雜的學習任務加以分解,以便於把學生的理解逐步引向深入。借用建築行業

中使用的鷹架作為形象化比喻，其實質是利用「鷹架」的支撐作用，不斷地把學生的智力從一個水平提升到另一個新的更高水平，真正做到使教學走在發展的前面。

②拋錨式教學 (Anchored instruction)。這種教學要求建立在有感染力的真實事件或真實問題的基礎上，確定這類真實事件或真實問題被形象地比喻為拋錨。認為學生要想完成對所學知識的意義建構，即達到對該知識所反映事物的性質、規律以及該事物與其他事物之間聯繫的深刻理解，最好的辦法是讓學生到現實世界的真實環境中去感受、去體驗，以獲取直接經驗，而不是僅僅聆聽別人的介紹和講解。

③隨機進入教學 (Random access instruction)。在教學中要注意對同一教學內容，要在不同的時間、不同的情境下，為不同的教學目的、用不同的方式加以呈現。換句話說，學生可以隨意通過不同途徑、不同方式進入同樣教學內容的學習，從而獲得對同一事物或同一問題的多方面的認識與理解，這就是所謂的隨機進入教學。顯然，學生通過多次進入同一教學內容將達到對該知識內容比較全面而深入的掌握。建構主義的教學方法儘管有多種不同的形式，但又有其共性，即它們的教學環節中都包含有情境創設、協作學習。在協作、討論過程中當然還包含有對話，並在此基礎上由學生自身最終完成對所學知識的意義建構。

(4) 教學評價

建構主義理論指導下的教學評價主要表現在以下幾方面：①教學評價以學生為主。建構主義學習理論提倡以學生為中心，強調學生的認知主體作用，所以教學評價的對象必然從教師轉向學生，評價學生的學習，如學生的學習動機、學習興趣、學習能力等。在此思想指導下，教學評價的主要對象是學生，當然也對教師進行評價，但評價的出發點從「教」改變為是否有利於學生的「學」、是否為學生創設了有利於學習的環境，以及是否能引導學生進行自主學習等。②教學評價標準。以學生為中心的教學評價，評價對象從教師轉到了學生，評價的標準從知識轉向了能力。對教師評價更加關注教師是否為學生創設了一個有利於意義建構的情境，是否能激發學生的學習動機、主動精神和保持學習興趣，以及是否能引導學生加深對基本理論和概念的理

解等。③教學評價的方法。在建構主義教學模式中,因為採用了自主學習策略,學生可以按照自己的認知結構、學習方式,選擇自己需要的知識,並以自定的進度進行學習,所以評價方法也多以個人的自我評價為主,評價的內容也不是掌握知識數量的多少,而是自主學習的能力、協作學習的精神等。另外,在建構主義教學過程中進行的評價主要是形成性評價。由於學生進行的都是自我建構的學習,對於同樣的學習環境,不同學生學習的內容、途徑可能相關性不大,如何客觀公正地對他們的學習結果做出評價就變得相當困難。很明顯,對他們實施統一的客觀性評價是不合適的。目前,人們比較贊同的是通過讓學生去實際完成一個真實任務來檢驗學生學習結果的優劣。

從上述不同學習理論的教學設計觀的綜述中可以發現,隨著學習理論的不斷發展和融合,其相應的教學設計思想也日趨豐富,但是我們應該認識到,學習理論本身並不是成熟的理論,它的許多結論是在某種特定條件下得到的。因此,教學設計不可能找到一個成熟的、包羅萬象的學習規律作為唯一的理論依據,除了對不同學習理論做科學分析、選擇外,還必須從別的學科領域中汲取營養。

二、教學理論

教學理論是為解決教學問題而研究教學一般規律的科學。教學設計是科學地解決教學問題、提出解決方法的過程,為瞭解決好教學問題就必須遵循和應用教學客觀規律,因此教學設計離不開教學理論。這裡主要從教學觀念、教學模式、教學行為、教學策略、教學評價方面來探討教學理論與教學設計的關係。

(一) 教學觀念與教學設計

教學觀念(簡稱教學觀)是指教師對教學的本質和過程的基本看法。依據不同的標准,教學觀念可以劃分為不同的類別。從教學觀念的內容角度,可以將教學觀念分解為教學本質觀、教學價值觀、教學過程觀、教學交往觀、教學方法觀、學生觀、知識觀、教學評價觀、自我教學發展觀等幾部分;以不同的學習理論為基礎進行劃分,教學觀念包括行為主義教學觀、認知主義教學觀、建構主義教學觀以及人本主義教學觀。教學觀念為教學設計指明瞭

方向，不同的教學觀念包含著不同的教學設計思想，具體表現在教學目標的設置、教學內容的選擇、教學過程的安排以及教學評價等方面。

(二) 教學模式與教學設計

所謂模式是提供給我們思考的一種過程或結構化的有用方法。教學模式是指在一定的教育思想、教學理論和學習理論指導下，在某種環境中展開的教學活動的穩定結構形式，即教學過程中教師、學生、教材、媒體等要素所形成的穩定的結構形式。不同的教學模式是在不同教學觀念的指導下，圍繞不同的主題、所涉及的因素和各種關係展開的，依據不同的標準可以劃分出許多類別。

根據授課方式的不同，教學模式可以大致分為集體授課教學模式、個別化教學模式、小組教學模式等。按照師生活動的關係分類，教學模式可以劃分為三種類型：以教師為主的模式、以學生為主的模式和綜合教學模式。按照學派觀點分類，將教學模式分為四種類型：經典性教學模式、探索性教學模式、程序性教學模式和開發式教學模式。按照學與教的性質分類，可以分為資訊加工的教學模式、社會互動的教學模式、個性發展的教學模式和行為矯正或控制的教學模式。

課堂教學模式以教學流程的形式，簡要、概括地反映了教師教學設計的思想。在這裡對掌握學習、探究學習這兩種化學教學中常用的教學模式及其課堂教學設計思想作介紹。

1. 掌握學習的教學模式及其教學設計

掌握學習的教學模式是當代著名的教育心理學家布魯姆在 20 世紀 70 年代首創的。掌握學習的教學目的是在不影響現行班級集體授課制的前提下，使大多數學生達到優良成績。掌握學習教學模式的程序大致由五個環節組成。

(1) 單元教學目標的設計。布魯姆認為，教學質量的高低首先表現為對教學目標的表述是否清晰，每一個學生是否都清楚了自己將要學習什麼。表述較好的目標可以表現為一種清楚的行為。通過對是否具備該行為的測定，可以瞭解其達標的程度。在掌握學習的教學模式中，教育目標分情意領域、認知領域、操作技能領域三大類。在認知領域又分為知道、領會、應用、分析、

綜合、評價六個學習水平。

(2) 依據單元教學目標的群體教學。掌握學習的教學模式是採用集體授課形式，但在授新課之前，給予學生學習知識必需的準備知識，提出認知先決條件。

(3) 形成性評價 (A)。在單元集體授課之後，就要進行形成性測驗 (A)。形成性測驗 (A) 的測試題與教學目標相匹配，其目的是為了獲得進行形成性評價的依據。形成性評價對學生學業情況的診斷不僅要反映學生對教學內容掌握的廣度，還要反映出對教學內容掌握的深度，所以需要設計二維評價表。

(4) 矯正學習。形成性評價之後，將學生分作兩類，凡達成度在 80% 及以上者，稱為達標組；凡達成度在 80% 以下者，稱為未達標組。矯正學習是針對未達標組的學生給予額外的學習時間。矯正學習不能簡單重複新課的教學內容，而是採用多種方法，具有針對性。

(5) 形成性評價 (B)。最終去檢驗達標的情況是依靠形成性評價 (B)。其測試題與形成性測驗 (A) 同質異次，但指向更明確。對於在形成性評價 (A) 中大多通過的測試題可以不再出現，通常針對兩種情況進行檢查：一種是學生易犯的錯誤，另一種是與下一單元關聯性特別強的準備知識。

掌握學習的教學模式雖然在提高學生基礎知識和基本技能方面具有較強的優勢，但有其自身的適用性，可以歸納為：①適用於基礎知識、基本概念、基本原理的教學；②適用於封閉型的課程而不是開放式的課程，即適用於明顯可測性的課程，而不是創造力培養等課程；③適用於長期課程而不是短期或微型課程。

2. 探究學習的教學模式及其教學設計

在教育學中，人們公認「探究學習」是由美國芝加哥大學教授施瓦布於 1961 年在哈佛大學所做的報告《作為探究的科學教學》(Teaching of Science of Enquiry) 中首次提出的。所謂探究性教學模式是指在教學過程中，學生在教師指導下，通過以「自主、探究、合作」為特徵的學習方式對當前教學內容中的主要知識點進行自主學習、深入探究並進行小組合作交流，從而較好地達到課程標準中關於認知目標與情感目標要求的一種教學模式。其中認知目標涉及與化學學科相關知識、概念、原理與能力的形成與掌握；情感目標則

涉及情感與道德品質的培養。化學教學中完整的探究過程一般有以下八個環節。

(1) 提出問題。從日常生活或化學學習中發現有價值的問題，並能清楚地表述所發現的問題。如探究中，我們發現蠟燭燃燒時的火焰分為三層，可提出「蠟燭燃燒時各層火焰的溫度一樣高嗎」等問題。

(2) 猜想與假設。對問題可能的答案做出猜想與假設。如針對蠟燭燃燒時火焰的溫度，我們可做出如下的猜想或假設：蠟燭燃燒時各層火焰的溫度不同，其中外焰溫度最高等。

(3) 制訂計劃。在老師指導下或通過小組討論提出驗證猜想或假設的活動方案。如驗證蠟燭燃燒時外焰溫度是否最高時，可用一根火柴棒迅速平放在火焰中，約 1 秒後取出，看哪一部分最先燒焦，以此確定火焰溫度最高的地方。

(4) 進行實驗。按照制訂的計劃正確地進行實驗，注意觀察和思考相結合。

(5) 收集證據。獨立或與他人合作，對觀察和測量的結果進行記錄，或用調查、查閱資料等方式收集證據，或用圖表的形式將收集到的證據表述出來。如：處於酒精燈外焰部分的火柴棒燒焦了，處於內焰部分的火柴棒略有變化，處於焰心部分的火柴棒沒有明顯的變化等，這些都是證明酒精燈火焰哪部分溫度最高或最低的證據。

(6) 解釋和結論。對事實或證據進行歸納、比較、分類、概括、加工和整理，判斷事實、證據是肯定了假設還是否定了假設，並得出正確的結論。

(7) 反思與評價。對探究結果的可靠性進行評價，對探究活動進行反思，發現自己和他人的長處和不足，並提出改進措施。如除了用火柴棒外，還能用其他物質或方法證明蠟燭燃燒時各層火焰溫度的高低嗎？

(8) 表達與交流。採用口頭或書面的形式將探究過程和結果與他人交流和討論，既要敢於發表自己的觀點，又要善於傾聽別人的意見和建議。

在課堂教學中具體實施探究過程時，不一定需要經歷完整的探究過程，根據需要可以是全程式的探究，也可以對部分要素進行探究。

(三)教學行為與教學設計

　　教學行為是為實現教學目標或意圖，教師所採用的一系列問題解決行為，是在教師自我監控下的一種有選擇的技術，這種選擇的成敗依賴於教師的知識結構、教學能力和在教學實踐中積累起來的有關教學經驗。教學行為的分類方法有很多種。以行為的效果作為劃分依據，教學行為可分為有效教學行為和無效教學行為。一般來說，教師的教學行為是否有效可以從以下五個方面來衡量：教師的教學行為是否明確；教師的教學方法是否靈活多樣，調動學生學習積極性的手段是否有效；教師在課堂上的所有活動是否圍繞教學任務來進行的；在課堂教學中，學生是否都積極地參與到教學活動中去；教師能否及時掌握學生的學習狀況和課堂中出現的問題，並能據此調整自己的教學節奏和教學行為。如果一個教師能夠做到以上五個方面，那麼他的教學行為應該是合理而且有效的。

　　教師的教學觀是決定其教學行為的關鍵，而教學觀又是在教學理論指導下形成和發展的。因此，不同的教學理論影響下的教師往往會有不同的教學行為。據此，教學行為可以劃分為行為主義教學理論指導下的教學行為、人本主義教學理論指導下的教學行為、認知主義教學理論指導下的教學行為、社會學習理論指導下的教學行為以及建構主義教學理論指導下的教學行為。

　　行為主義教學理論指導下的教學行為強調：①詳細地設計教學方案；②恰當利用正、負強化；③有效地安排強化間隔。

　　人本主義教學理論指導下的教學行為強調：①與學生真誠溝通；②尊重學生的情感和意見；③能設身處地瞭解學生對整個學習過程的看法和感覺；④善於發現和評價學生身上所具有的優秀品質和能力；⑤提出和解決學生感興趣的問題；⑥教學方法多樣化。

　　認知主義教學理論指導下的教學行為強調：①重視學生本身的理解、推論和學習策略；②瞭解學生原有認知結構，給學生提供提取資訊的線索，幫助他們達到正確的知覺，同時也要防止學生可能提取不恰當的資訊致使其建構錯誤的概念；③教師除了對材料提供必要的解釋、推論、例證等外，還要提供概要、先行組織者(引言性的說明)，並鼓勵學生自己去構造標題、概要等；④幫助學生把新建構的意義進行歸類和重組，建立知識結構，通過歸類

把新的概念納入長時記憶的認知結構中。

建構主義教學主張以學生為中心，但以學生為中心並不意味著教師責任的減輕和教師作用的降低，而恰恰相反，對教師提出了更高要求。耶格爾(Yager)在1991年對建構主義教學觀指導下的教師教學行為進行了深入研究後，提出了17種主要的建構主義教師的教學行為，主要包括以下四個方面：①關於教學內容的準備。充分利用地區的人文和物質資源，把學生感興趣的某一內容、有價值的現實問題或觀點等組織進課程內容，鼓勵學生提出具有創意的觀點。②在呈現新觀點(課程內容)時，先瞭解學生對這個主題知識與概念的認識，關注學生的經驗興趣。③在教學過程中，鼓勵學生進行分析、反思，尊重他們產生的新觀點，並鼓勵學生進行自我分析，為自己的觀點找依據，同時鼓勵學生互相討論，互相挑戰彼此的觀點，使學生在各種新觀點、新知識的啟發下進行知識建構。④把教學擴展到課堂之外，注重知識、技能在實際生活中的運用，強調職業意識。

教學行為是課堂教學設計的直觀、動態的體現，教學設計時要注意這幾點。①教學行為的選擇要符合教學目標與教學內容的特點。課堂主要教學行為是以目標和內容為導向的，不同的教學目標、內容需要不同的教學行為去實現和完成。如果是傳授新知識，一般選擇語言呈示為主的方式；如果是形成和完善技能、技巧，選擇動作呈示為主的方式往往更為有效。一個優秀的教師，肯定善於研究教材，能夠根據教學任務、內容，合理地選擇教法，靈活地富有創造性地運用講解、提問、討論、演示、練習等方式，能夠成功地借助於現代教學技術創設情境，從而達到準確、鮮明、生動的課堂教學效果。②教學行為要適合學生的實際。在教學過程中，學生的學既是教學的歸宿，又是教學的出發點。教師的教是為了學生的學，所以教師的教學行為還必須與學生的身心發展水平和知識經驗相符合，只有當教學方式適合學生的認知結構、能力水平、學習方法、學習態度、興趣愛好時，才會發揮其最大效益。③教學行為要適應教師的素養條件。教師是教學行為的組織者、實施者，所以任何一種教學行為的選用，只有適應教師的素養條件，能為教師所理解和掌握，才能發揮作用。因此，教師的愛好特長、知識背景、教學技能和個性品質，都應該成為選擇教學行為的重要依據。④考慮教學行為的適用範圍和

使用條件。每種教學行為都有各自的適用範圍和使用條件，所以教師在選擇教學行為時，還應該把環境和相關因素考慮在內。

（四）教學策略與教學設計

教學策略是在特定教學情境中為完成教學目標和適應學生學習需要而制訂的教學程序計劃和採取的教學實施措施，是教學設計的重要內容，是將教學觀念、教學模式轉化為教學行為的橋梁。教學策略設計和選擇的基本依據應包括以下幾個方面。

(1) 分析教學目標。教學目標不同，所採取的教學策略也就不同。例如，化學教學之初，教學的起始目標是提高學生的化學學習興趣和信心，然後才是促進學生掌握具體的化學知識、技能和發展智能的終極目標。針對不同的教學目標，教師應採用不同策略，前者可選擇對感受化學學科的最新發展動態、與社會生活緊密聯繫、對學生自身發展的重要作用等方面都有效的教學策略，進而達到提高學生興趣，保持學習積極性的目標；後者則應根據化學知識與技能內在的邏輯聯繫、化學知識與技能遷移的規律、學生的主觀狀態等進行綜合考慮，然後制訂或選擇有效的教學策略。因此，教學目標的分析是制訂或選擇教學策略的關鍵條件。

(2) 關注學生的初始狀態。學生的初始狀態是指學生現有的知識與技能、學習風格、心理發展水平等。學生的初始狀態決定著教學的起點，是制訂教學策略的基礎。實踐表明，如果僅根據教學目標制訂教學策略，無視學生起始狀態，那麼所制訂或選擇的教學策略就會因缺乏針對性而失效。因為學生的起始狀態決定教學的起點，教學策略的制訂或選擇必須從該起點出發，進行具體分析。例如，針對學生不同的學習風格，教師在教學中可採取兩類教學策略：一是採取與學習風格中的長處或學生偏愛的方式相一致的匹配策略；二是針對學習風格中的短處或劣勢採取有意識的失配策略。學生的「最近發展區」與其學習的初始狀態密切聯繫。如果說對教學目標的分析是制訂或選擇教學策略的前提，那麼對學生初始狀態的分析則是制訂有效教學策略的基礎。

(3) 考慮教師自身的特徵。如果說教學目標和教學對象是影響制訂教學策略的客觀條件，那麼，影響教學策略制訂有效性的主觀因素主要取決於教學

者自身特徵，包括教學思想、知識經驗、教學風格、心理素質等。因此，在制訂或選擇教學策略時，不僅應重視目標和學生起始狀態的分析，還應該努力發揮教師的主觀能動性，充分發揮教師自身特徵中的積極因素在制訂或選擇有效教學策略中的作用。同時，教師應有意識地克服自身特徵中的消極因素對制訂或選擇教學策略的不利影響。

(4)關注問題情境。由於教學策略具有靈活性的特徵，因而同一策略可以解決不同的問題，不同的策略也可以解決相同的問題。教學策略的應用隨問題情境的變化而變化。

(五)教學評價與教學設計

教學評價是由美國俄亥俄州立大學教育科學研究所的泰勒(R.W.Tyler)教授於 1930 年首次提出的。所謂教學評價，是指根據一定的教學目標，運用可行的科學手段，系統地採集和分析資訊，對教學活動過程及結果滿足預期目標的程度做出測定和衡量，並給予價值判斷，從而為修正教學設計提供參考和達到教學價值增值的過程。美國學者馬傑(R.Mager)指出，教學設計依次由三個基本問題組成：首先是「我要去哪裡」，即教學目標的制訂；其次是「我如何去那裡」，即包括學生起始狀態的分析、教學內容的確定、教學方法與教學媒體的選擇；再是「我怎麼判斷我已經到達了那裡」，即教學的評價和監控。

教學設計是由目標設計、內容方法設計、評價監控設計構成的一個有機整體。可見，教學評價是教學設計修改的基礎，是教學設計成果趨向完善的調控環節。

教學評價的設計要注意這幾點。①選擇教學評價模式。在教學設計中主要有四種比較典型的教學評價模式：決策性評價模式、研究性評價模式、價值性評價模式、系統性評價模式。這四種評價模式都有其優點和不足，不能簡單地指出哪種模式好或者哪種模式不好。在教學設計中，每種評價模式的觀念和觀點是相對評價教學的實踐活動而言的。例如，系統性和價值性評價模式最好用於教學項目的設計階段，決策性和研究性評價模式則可能更適合教學項目的實現和評價階段。②構建多元立體式教學評價。教學評價的設計在選擇評價模式的同時，也應考慮評價的客體、主體、媒體及評價的取向等

方面的內容。教學評價的客體(即評價的對象和範圍)設計應做到由評價教師向評價學生延伸、由評價課內向評價課外延伸、由評價「教學」向評價「教藝」延伸、由評價掌握知識內容向評價掌握學習方法延伸等；教學評價的主體包括教師和學生評價、領導和同行評價、骨幹和專家評價、社會和家長評價等；教學評價的媒體設計應採用定性與定量評價相結合、直接評價與間接評價相結合、常法評價與技術評價相結合等；教學評價的取向應符合教育方針、社會需求及學生潛能的發展要求。③教學評價要有靈活性。在課堂教學設計中，教師應留有餘地，不要讓過多的設計步驟、評價指標束縛了手腳。

三、系統理論

教學設計是運用系統方法與技術分析來研究教學問題和需求，確立解決它們的途徑和方法，並對教學結果做出評價的系統的計劃過程。這裡的系統方法是指教學設計從「教什麼」入手，對學習需要、學習內容、學生進行分析；然後從「怎麼教」入手，確定具體的教學目標，制訂行之有效的教學策略，選擇恰當、經濟、實用的教學媒體，具體、直觀地表達教學過程各要素之間的關係，對教學效果做出評價，根據反饋資訊調控教學設計的各個環節，以確保教學和學習獲得成功。這裡我們重點介紹迪克‑凱瑞教學設計的系統方法模型。在課程設計項目中如果要用這個模型，必須在確定教學目標之後才能用。

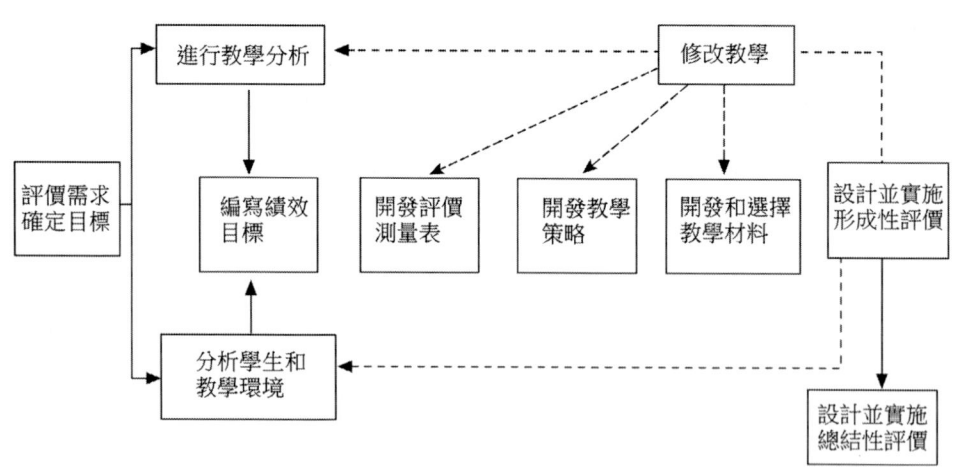

圖 1-1 迪克 - 凱瑞的教學設計模型

（一）確定教學目標

模型的第一步是要確定學生經過這部分的學習之後能夠做什麼，形成或發展了哪些能力。教學目標有多個來源，如課程標準、學生的已有基礎、考試標準等。

（二）進行教學分析並分析學生和環境

在確定了教學目標之後，還要確定為了實現目標教師需要做什麼。教學分析過程是在開始教學之前確定學生所具備的技能、知識和態度，我們稱之為入門技能。

除了分析教學目標之外，還要同時分析學生、分析技能的學習環境和應用環境。學生現有技能、偏好和態度，以及教學環境和應用環境的特點這些重要資訊，會影響模型後續步驟，特別是教學策略的確定。

（三）編寫績效目標

基於教學分析和入門技能陳述，具體地寫出學生完成教學後能夠做什麼，這些描述根據教學分析確定的技能派生而來，確定了要學的技能、實施技能的條件和成功表現的評判標準。

（四）開發評價測量表

基於所寫的目標，開發出相關的評價測量表，以測定學生對於目標中所描述行為的完成水平。重點在於將目標中所描述的行為種類與評測類型對應。

（五）開發教學策略

基於前面五步的結果，確定為達到最終目標在教學中要採用的教學策略。教學策略包括教學前的活動、資訊呈現、練習和反饋、考試以及延展活動幾部分。教學策略要基於當前的學習理論和學習研究的成果，以及傳遞教學的媒體特點、要教的內容和接受教學的學生的特點。這些數據既可以用於開發或選擇教學材料，也可以用於產生課堂交互式教學策略。

(六）開發和選擇教學材料

在這一步要用教學策略產生教學，教學包括學生手冊、教學材料和考試試卷。「教學材料」泛指各種類型的教學，包括教師指導手冊、學生模組、投影片、錄影帶、電腦多媒體格式文件和遠程學習的網頁等。是否自己開發教學材料取決於要教的學習類型、現有的相關材料和可用的資源等。

(七）設計和實施教學的形成性評價

在完成了教學設計的初稿之後，就要開展一系列的評價活動，以收集數據，確定如何改進教學。一般有三種類型的形成性評價：一對一評價、小組評價和現場評價。各種評價類型為教師提供了不同種類的教學改進資訊。類似的技術也可用於對現有材料或課堂教學的形成性評價。

(八）修改教學

最後一步（也是循環週期的第一步）是修改教學。整理和分析形成性評價所收集的數據，確定學生在完成目標的過程中所遇到的困難，依據這些困難找出教學方面的不足。圖中從「修改教學」中劃出的虛線表明從形成性評價中獲得的數據不是簡單地用於修改教學本身，還要用於重新復查教學分析，確定關於入門技能和學生特點假設的合理性，還要根據所收集的數據審查績效目標和考試題，審核教學策略，最後所有這些復查、審核產生的教學修改將會導致一個更加有效的教學工具。

(九）設計和進行總結性評價

儘管總結性評價是教學有效性的最終評價，但是它通常不是設計過程的一部分，它是用來評估教學的價值的，必須在完成了形成性評價，在教學已經進行了充分的修改，滿足了教師的標準之後才進行。因為總結性評價通常不是由教學的設計者，而是由獨立的評估員完成，所以從本質上來說這個過程也不應該算作教學設計過程的一部分。

這九個基本步驟構成了用系統化方法設計教學的過程，這個過程的集合之所以叫作系統化方法，是因為它是由相互作用的成分組成的，每個成分都有自己的輸入和輸出，在一起產生出預期的結果。由於整個過程一直在收集系統有效性的數據，所以最終的成果能夠不斷修改直至達到所需要的質量水

準。在教學材料的開發過程中，對數據的收集，對材料的修改，都是為了使教學盡可能地既有效率又有效果。

四、傳播理論

按照資訊論的觀點，教學過程是一個資訊傳播特別是教育資訊傳播的過程，在這個傳播過程中有其內在的規律性和理論，所以教學設計應以人們對傳播過程的研究所形成的理論 ——— 傳播理論作為理論基礎。

(一) 傳播過程的理論模型說明瞭教學傳播過程所涉及的要素

被譽為傳播學奠基人之一的美國政治學家拉斯韋爾在《社會傳播的結構與功能》一書中，清晰地闡明瞭大眾傳播過程中所涉及的五個基本要素，提出了著名的「5W」公式，初步揭示了傳播過程的複雜性。運用「5W」公式分析教學傳播活動，可以看到教學過程也涉及這些類似的要素。

Who	誰	教師或其他教學資訊源
Says What	說什麼	教學內容
In Which Channel	通過什麼管道	教學媒體
To Whom	對誰	教學對象
With What Effects	產生什麼效果	教學效果

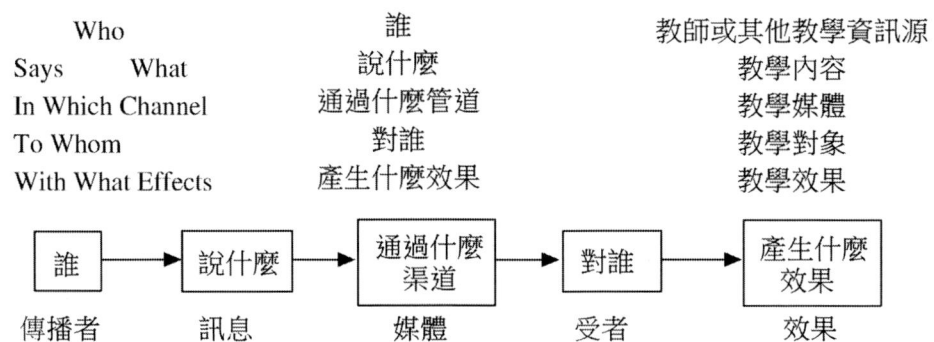

圖 1-2 拉斯韋爾直線式傳播模式圖

佈雷多克 (Bradock)1958 年在此基礎上發展了「7W」模型，因此教學傳播過程又增加了以下兩個要素，即 Why 為什麼 ——— 教學目的，Where 什麼情況下 ——— 教學環境。這些要素自然也成為研究教學過程、解決教學問題的教學設計所關心、分析和考慮的重要因素。

(二) 傳播理論揭示了教學過程中各種要素之間的動態的相互聯繫，並告之教學過程是一個複雜動態的傳播過程

1960 年貝爾洛 (D.K.Berlo) 在拉斯韋爾研究的基礎上提出的 SMCR: Source-Message-Channel-Receiver 模型 (見圖 1-3)，更為明確和形象地說明傳

播的最終效果不是由傳播過程中某一部分決定的，而是由組成傳播過程的資訊源、訊息、通道和受者四部分以及它們之間的關係共同決定的，而傳播過程中每一組成部分又受其自身因素的制約。從資訊源(傳者)和資訊接受者(受者)來看，至少有四個因素影響資訊傳遞的效果：①傳播技能。傳者的表達、寫作技能，受者的聽、讀技能均會影響傳播效果。②態度。包括傳者和受者對自我的態度，對所傳資訊內容的態度，彼此間的態度等。③知識水平。傳者對所傳遞內容是否完全掌握，對傳播的方法、效果是否熟知，受者原有知識水平是否能接受所傳遞的知識等，都將影響最終的效果。④社會及文化背景。不同的社會階層及文化背景也影響傳播方法的選擇和對傳播內容的認識和理解。

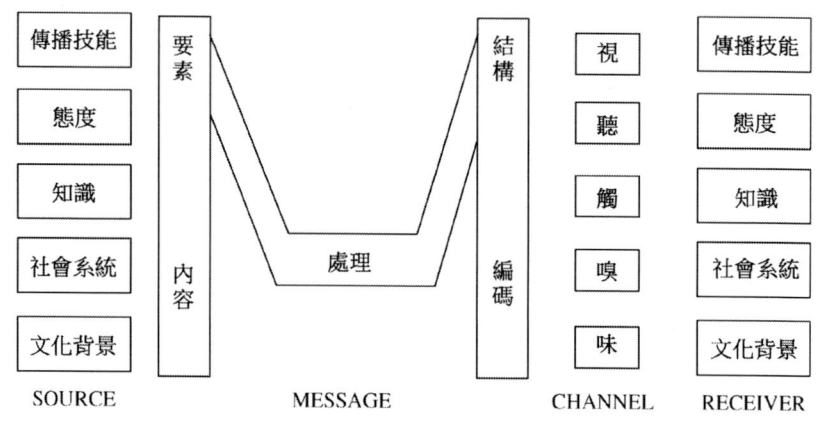

圖 1-3 貝爾洛 SMCR 傳播模式圖

教學設計正是在這一論點的基礎上把教學傳播過程作為一個整體來研究，為了保證教學效果的優化，既注意每一組成部分(信源———教師、資訊———教學內容、通道———媒體、接受者———學生)及其複雜的制約因素，又對各組成部分間的本質聯繫給予關注，並運用系統方法在眾多因素的相互聯繫、相互制約的動態過程中探索真正影響教學傳播效果的原因，而最終確定富有成效的設計方案。

(三)傳播理論指出了教學過程的雙向性

奧斯古德和施拉姆在 1954 年提出的模型(如圖 1-4)強調傳者與受者都是積極的主體，受者不僅接受資訊、解釋資訊，還對資訊做出反應，傳播是一

種雙向的互動過程。教學資訊的傳播同樣是通過教師和學生雙方的傳播行為來實現的，所以，教學過程的設計必須重視教與學兩方面的分析與安排，並充分利用反饋系統。

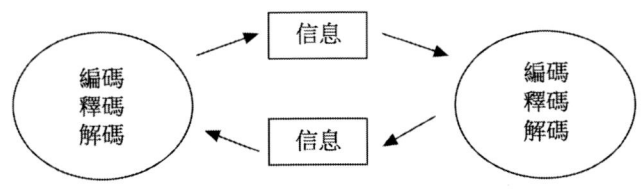

圖 1-4 奧斯古德 - 施拉姆模型（1954 年）

傳播過程要素構成教學設計過程的基本要素 (如表 1-1)，其相應領域如傳播內容分析、受眾分析、媒體分析、效果分析等研究成果也在不同程度上為教學設計中的學習內容分析、學生分析、教學媒體的選擇以及教學評價等環節所吸收。目前，傳播學的研究仍在不斷發展，相信其研究的新成果會給教學設計注入新鮮血液，使教學設計得到更快、更好的發展。

表 1-1 傳播過程要素構成教學設計過程的基本要素

序號	傳播過程要素	教學設計過程要素
1	為了什麼目的	教學需要分析、教學目標分析
2	傳遞什麼內容	學習內容分析
3	由誰傳遞	教師、教學資源的可行性分析
4	向誰傳遞	學生（教學對象）分析
5	如何傳遞	教學策略選擇、教學媒體選擇
6	在哪裡傳播	教學環境分析
7	傳播效果如何	教學評價

思考題

1. 如何理解課程標準的核心理念「一切為了每一個學生的發展」，在此基礎上教師如何進行角色的轉變？

2. 斯金納提出的程序教學法的基本要點是什麼？

3. 布魯納發現法的主要特徵是什麼？

實踐探索

　　請選取初、高中人教版化學必修教材中的任意一節內容，嘗試運用學習理論、教學理論、傳播理論和系統理論進行分析，粗略地想想應如何進行這節課的教學設計。請查找一篇關於此內容的中學化學教師的教學設計稿，分析它的教學目標設計、學生分析、教學內容分析、教學策略的選擇和學習評價的使用是否合理？存在哪些問題？大體上應該如何改進？並與自己的構想進行對比，撰寫反思日記。

拓展延伸

　　1. 分析布魯納的認知教學理論，並與布魯姆的掌握教學理論進行對比，舉例說明。

　　2. 教學理論的教學原則有哪些？你怎麼看？它對中國的中學教學產生了較大影響，請舉例說明並闡述你的看法。

　　3. 閱讀巴班斯基的最優化教學理論並思考如何在化學教學中有效地優化教學設計。

第二章　化學教學設計模式

本章導學

　　本章主要介紹化學教學設計的兩大模式，分析了化學教學設計模式的要素，最後結合具體案例說明當前化學教學的三大教學模式，即發現學習、自主學習、探究學習。

學習目標

　　1. 從不同的角度分析以「教」為主的教學設計模式和以「學」為中心的教學設計模式的不同點。

　　2. 掌握化學教學設計各要素的分析、設計方法，如知道學生分析、學習內容分析、學習環境分析的基本方法，結合不同的學生和不同的學習情境選擇不同的方法。

　　3. 知道教學設計各要素之間的相互影響，學會結合具體教學內容進行選擇、分析、調整、融合各要素，形成有效的教學整體。

　　4. 學習如何分析教學案例，提煉有價值的觀點並遷移到自己的備課中，學以致用。

第一節　化學教學設計模式簡介

「模式」是理論的一種簡潔的再現。無論哪一種化學教學設計模式，都包含下列四個基本要素：教學對象、教學目標、教學策略和教學評價，它們相互聯繫、相互制約，構成了教學設計的總體框架。

化學教學設計模式是在教學設計理論指導下，所構成的具有一定化學教學結構、教學活動順序和教學功能的一種教學設計範例。中國教育技術界把教學設計模式分為以「教」為主和以「學」為主兩類。通常把由迪克、加涅、肯普、史密斯和雷根等學者提出的教學設計模式稱為以「教」為主的教學設計模式(也稱為傳統教學設計模式)；把依據建構主義學習理論提出的教學設計模式稱為以「學」為主的教學設計模式。

以「教」為主的教學設計模式是基於客觀主義學習理論的，「教」是指知識傳遞、設計的焦點在「教」上，主要研究的是「教」，而很少考慮學生「如何學」的問題。這類模式與「教師中心」的教學模式有不可分割的聯繫，它的優點是有利於教師主導作用的發揮，其嚴重弊端是完全由教師主宰課堂，忽視學生的主體作用，不利於創新型人才的培養。

以「學」為主的教學設計模式主要研究的是「學」，是促進學的。「學」是指主動的意義建構，強調教師精心為學生選擇和設計恰當的學習環境，也必須重視自主學習策略和協作學習策略的設計。它與「學生中心」的教學模式相聯繫，但如果只強調學生的「學」，往往容易忽視教師主導作用的發揮。

一、迪克和凱瑞的教學設計模式

迪克-凱瑞(W.Dick & L.Carey)教學設計模式是以教學理論為構建模式的基礎，集中討論了教學設計和發展的具體過程，教學設計步驟具體而詳細。該教學設計模式包括九個環節和最後的資訊反饋修改環節。如圖2-1所示。

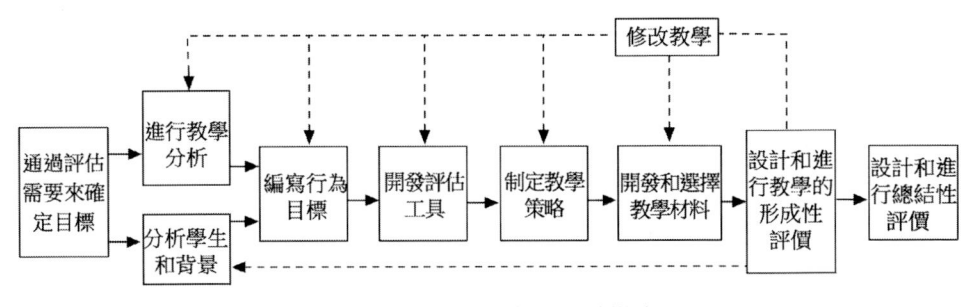

图 2-1 迪克 - 凱瑞教學設計模式

　　(1) 評估需要並確定教學目標。教學設計的第一步是評估學習的需要，有哪些方面的內容是需要學習的，並以需要的情況為依據確定教學目標，包括在教學之後學生應該能夠做什麼。教學目標確定的依據應至少包含：教育需求的評估，學生需求的評估，現實中的化學學習問題和其他一些因素。

　　(2) 進行教學分析。教學目標確定後，教師需確定教學目標涵蓋的學習類型，並分析完成學習任務所需的步驟。同樣，教師也需對學習任務的從屬能力進行任務分析。通過分析，得出達到教學目標所需的能力或子能力，以及這些能力之間的關係。

　　(3) 分析學生和情境脈絡。即對學生和學習發生環境的分析。這個過程包含對學習情境線索及情境與學習任務內在聯繫的分析，以及學習情境的計劃；也包含對學生起點能力的分析確定等。從而確定學生已經具備哪些學習任務中包含的能力和從屬能力，並確定需要提供哪些學習資源(如認知工具、上下文的線索、必要的情境等)。

　　(4) 編寫行為目標。在教學分析和起點能力確定的基礎上，教師還應詳細描述教學任務完成後學生應該能做什麼或有怎樣的表現。行為目標包括學生將要學習的行為，行為發生的條件以及完成任務的標準。

　　(5) 開發評估工具。主要是參照測驗編制標準，測驗的內容應該是教學目標中所要求的學生的習得能力，應注意測驗項目與教學目標的一致性。

　　(6) 制訂教學策略。在前面五個步驟確定之後，教師將要考慮如何形成教學策略，如教學前或教學後的活動安排，知識內容的呈現，練習、反饋和測試等。在師生相互作用的課堂教學中，教學策略的選擇應根據現有的學習原理和規律、教學內容和學生的特性等因素而定。

(7) 開發和選擇教學材料。在確定運用何種教學策略後，教師需要考慮採用哪些教學材料，進行何種教學活動，如材料準備、測驗和教師的指導等。選擇這些材料、活動依賴於可利用的教學手段、教學素材和教學資源等。

(8) 設計和進行形成性評價。其形式可以是個別、小組和全班的測試。每一種評價的結果都為教師提供可用於改進教學的數據或資訊。

(9) 修改教學。在形成性評價之後，教師總結和解釋收集來的數據，確定學生遇到的問題以及發生這些問題的原因，並修改教學步驟。修改教學步驟還包括對行動目標進行重新制訂或陳述，改進教學策略和教學方法，從而進行有效教學。

最後是設計和進行總結性評價。儘管總結性評價是確定教學是否有效的步驟，但在這一教學模式中，迪克和凱瑞不認為它是教學設計的一個環節。這一步驟是評價教學的絕對價值和相對價值，在教學結束時進行。通常，總結性評價並非由教學設計者來設計與執行，因此這一步驟不被認為是教學設計過程中應做的工作。

可以看出，這一模式是基於一般教學過程的教學設計，也是一個以學生學習為中心的設計過程。以學生學習為中心應該區別於以學生為中心，前者不一定是學生作為教學活動的控制者，後者必定是學生控制教學活動。兩者的共同點在於都要依據學生

學習的規律。這一模式有以下幾個特點。第一，強調學生學習任務的分析以及起點能力的確立。第二，教學設計是一個反覆的過程，需要教師不斷進行分析、評估和修正，以期完

成具體的教學任務，達到教學目標。第三，安排教學活動，以優化每一個教學事件，保證教學的整體效果。

試一試

任選一節中學化學教學內容，參照迪克-凱瑞教學設計模式嘗試一下吧。

二、加涅的教學設計模式

羅伯特·加涅 (R.M.Gagnè) 是美國教育心理學家。他認為，教學活動是一種旨在影響學生內部心理過程的外部刺激，因此教學程序應當與學習活動中學生的內部心理過程相吻合。他根據這種觀點把學習活動中學生內部的心理活動分解為九個階段：引起注意 → 告知學習目標 → 刺激回憶 → 呈現刺激材料 → 根據學生特徵提供學習指導 → 誘導反應 → 提供反饋 → 評定學生成績 → 促進知識保持與遷移，相應地，教學程序也應包含九個步驟。加涅提出九種教學事件的出發點：按照學習發生的過程來組織教學，外部教學活動必須支持學生內部的學習活動。它們的對應關係見表 2-1。

表 2-1 教學活動與學生內部學習活動的關係

階段劃分	教學事件	內部學習過程	教學實例
教學準備	引起注意	接受	使用突然的刺激變化
	告知學生目標	預期	告訴學生在學習之後，他們能夠做些什麼
	刺激回憶先前學過的內容	把先前學過的內容提取到短時記憶中	要求回憶先前習得的知識或技能
知識獲得和作業表現	呈現刺激材料	有助於選擇性知覺	顯示具有區別性特徵的內容
	提供學習指導	語義編碼	提出一個有意義的組織
	引出行為	反應	要求學生有行為表現
	提供行為正確性的反饋	強化	給予資訊反饋
保持和遷移	評價行為	提取和強化	要求學生另外再表現出行為並給予強化
	促進保持和遷移	提取並概括化	提供變化了的練習及間隔短時間的復習

加涅的這九種教學事件又被稱為九段教學程序。因為我們可以完全按照這種順序組織教學活動，並且由於目前被大量應用於講授式教學，使加涅的九段教學程序被認為是以教師為中心的教學程序的典型。

三、肯普的教學設計模式

肯普 (J.E.Kemp) 的教學設計模式的特點包括：在教學設計過程中應強調四個基本要素，需著重解決三個主要問題，要適當安排十個教學環節。

(1) 四個基本要素是指教學目標、學生特徵、教學資源和教學評價。肯普認為，任何教學設計過程都離不開這四個基本要素，由它們即可構成整個教學設計模式的總體框架。

(2) 三個主要問題。肯普認為任何教學設計都是為瞭解決以下三個主要問題：①學生必須學習到什麼(確定教學目標)；②為達到預期的目標應如何進行教學(即根據對教學目標的分析確定教學內容和教學資源，根據學生特徵確定教學起點，並在此基礎上確定教學策略、教學方法)；③檢查和評定預期的教學效果(進行教學評價)。

(3) 十個教學環節。①確定學習需要與學習目的，為此應先瞭解教學條件(包括優先條件與限制條件)；②選擇課題與任務；③分析學生特徵；④分析學科內容；⑤闡明教學目標；⑥實施教學活動；⑦利用教學資源；⑧提供輔助性服務；⑨進行教學評價；⑩預測學生的準備情況。

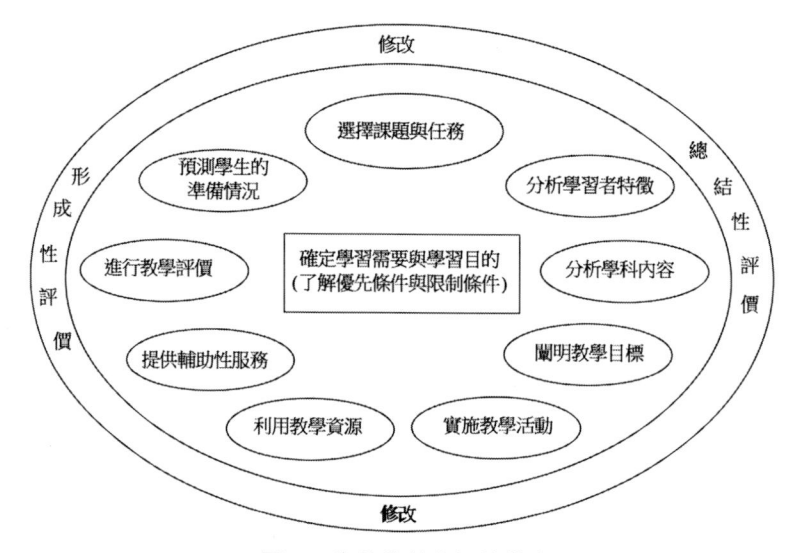

圖 2-2 肯普的教學設計模式

為了反映各環節之間的相互聯繫、相互交叉的關係，肯普沒有採用直線和箭頭這種線性方式來連接各個教學環節，而是採用如圖 2-2 所示的環形方式來表示教學設計模式。圖中把確定學習需要和學習目的置於中心位置，說明這是整個教學設計的出發點和歸宿，各環節均應圍繞它來進行設計。各環節之間未用有向弧線連接，表示教學設計是很靈活的過程，可以根據實際情

況和教師自己的教學風格從任一環節開始，並可按照任意的順序進行。圖中在環形圈內標出「形成性評價」「總結性評價」和「修改」這是為了表明評價與修改應該貫穿在整個教學過程的始終。

四、以「學」為中心的教學設計模式

這種基於建構主義的教學設計模式，包括七個環節。

1. 教學目標設計

根據教學內容進行教學目標分析，以確定當前必須學習與掌握的知識「主題」(即與基本概念、基本原理、基本方法或基本過程有關的知識內容)。

2. 學生特徵分析

學生特徵分析關注學生的智力因素和非智力因素，其中智力因素分析主要包括學生的知識基礎、認知能力和認知結構變量分析。

3. 學習情境創設

建構主義認為，學習總是與一定的社會文化背景即「情境」相聯繫的，在實際情境或通過多媒體創設的接近現實情境的環境下進行學習，可以利用生動、直觀的形象有效地激發聯想，喚醒長期記憶中的有關知識、經驗或表象，從而使學生能利用自己原有認知結構中的有關知識與經驗去同化和索引當前學習到的新知識，賦予新知識以某種意義；如果原有知識與經驗不能同化新知識，則要引起「順應」過程，即對原有認知結構進行改造與重組。

4. 資訊資源的設計與提供

資訊資源的設計，是指確定學習本主題所需資訊資源的種類和每種資源在學習本主題過程中所起的作用。對於應從何處獲取有關的資訊資源，如何去獲取(用何種手段、方法去獲取)以及如何有效地利用這些資源等問題，如果學生確實有困難，教師應及時給予幫助。

5. 自主學習策略設計

自主學習策略的設計是以學為主教學設計的核心內容之一。在以學為主的建構主義學習環境中，常用的教學策略有「支架式教學策略」「拋錨式教學策略」和「隨機進入教學策略」等。根據所選擇的不同教學策略，對學生

的自主學習應做不同的設計。

6. 協作學習設計

協作學習的目的是為了在個人自主學習的基礎上，通過小組討論、協商和角色扮演等不同策略，進一步完善和深化對主題的意義建構。整個協作學習過程均應由教師組織引導，討論的問題可由教師提出也可以由學生提出。

7. 學習效果評價設計

學習效果評價設計包括小組對個人的評價和學生個人的自我評價。評價內容主要圍繞三個方面：自主學習能力，協作學習過程中做出的貢獻，是否達到意義建構的要求。

第二節　化學教學設計模式的分析

一、教學設計時應考慮的教學要素

儘管教學設計過程不盡相同，但教學設計過程的基本要素是一致的，這些共同的特徵要素是：教學目標分析，學生特徵分析，教學模式和策略的選擇與設計，學習環境設計，教學設計結果的評價。

1. 教學目標（從學生的角度而言也稱為學習目標）分析

教學目標是對學生通過學習後應該表現出來的可見行為的具體、明確的表述，它是預先確定的、通過教學可以達到並且能夠通過技術手段測量的教學結果。根據布魯姆(B.S.Bloom)的目標分類理論，教學目標包含認知、情感、動作技能三大領域目標。每一領域又可根據目標要求高低不同而劃分為若干層次。

表 2-1 教學目標領域及層次

目標領域	目標層次
認知	知識、理解、應用、分析、綜合、評價
情感	接受（或注意）、反應、價值判斷、組織化、個性化
動作技能	知覺能力、體力、技能動作、有意交流

編寫教學目標時應注意：①教學目標表述的應該是學生的學習結果，而

不是說明教師將做什麼。②教學目標的表述應力求明確、具體、可以觀察和測量，避免用含糊和不切實際的語言表達。③編寫的教學目標應體現學習結果的類型及其層次性。

我們將在第四章結合具體內容對教學目標的確定與表述進行詳細介紹。

2. 學生特徵分析

學生作為學習活動的主體，其具有的認知、情感、社會等特徵都將對學習過程產生影響。因此，要取得教學設計的成功，必須重視對學生的分析，其主要內容包括：①學生初始能力分析；②學生的一般特徵；③學生的學習風格；④學習內容方面的能力；⑤學習風格的測定。

我們將在第三章結合具體內容對學習者的分析進行詳細介紹。

3. 教學模式和策略的選擇與設計

教學策略是指在不同的教學條件下，為達到不同的教學結果所採用的手段和策略。這一環節是為了完成特定的教學目標而對教學順序、教學活動、教學方法、教學組織形式、教學媒體等因素進行總體考慮，主要解決教師「如何教」和學生「如何學」的問題，是教學設計中的最核心環節，直接反映了教師的教學思想與觀念。我們將在第三章結合具體內容進行詳細的介紹。

4. 學習環境設計

學習是個體以心理變化適應環境變化的過程。人在什麼樣的環境中學習，在一定程度上決定著他將獲得什麼樣的學習結果。學習環境是學生身心發展的基礎，它潛在地干預著學生學習活動的過程，系統地影響著學習活動的效果。學習環境設計在教師教學設計中有重要作用。

5. 教學設計結果的評價

無論是教學設計方案還是學習材料，這些設計成果一般在使用之前，要在小範圍內使用，測定它的可行性、適用性和有效性以及其他情況，以此來檢驗方案並不斷修改、完善方案，使教學設計過程及其成果更趨有效。教學設計成果的評價一般也包括形成性評價和總結性評價兩種形式。我們將在第八章結合具體內容進行詳細介紹。

二、教學設計模式的要素

教學設計涉及一個複雜的教學系統和教學過程，要考慮的因素比較多，也比較複雜，有大環境的因素，教學過程的因素，也有教師、學生的因素等。具體而言，主要有十個要素，這十大要素基本涵蓋了教學設計的主要方面。

1. 學生

學生是我們進行教學設計的出發點、歸宿和核心，所以，必須對學生的基本特徵、已具備的基本知識和認知結構、學習風格等情況有一個基本瞭解。學生在整個學習活動中處於什麼樣的地位？他有哪些交互行為？如何調動學生學習的興趣和積極性？這一系列的問題是「學生」要素所要研究和考慮的。

2. 教師

雖然在以「學」為中心的教學設計中，教師已不再處於中心位置。但也並不意味著教師和教師的「教」就可以完全拋開。教師在引導學生學習，幫助其制訂學習策略、學習目標，提供學習資源等方面，可以發揮巨大的作用。

3. 交互學習方式

學習的交互方式非常豐富，是思維情感的參與，還是外顯行為的參與？是與教師、學生進行交互，還是與機器、網路、教學軟件進行交互？是面對面的交互，還是通過媒介進行交互？是真實的交互，還是虛擬的交互等？學習的交互方式是以「學」為中心教學設計的一個比較顯著的特點，也是培養學生動手能力、創新能力，體現以「學」為中心的措施之一。

4. 學習目標

學習目標也稱為培養總目標，主要包括對學生培養的階段性目標和完成學習內容之後所要達到的單元目標。這兩個目標應是一致的，後者服務於前者，單元目標是階段性目標實現的基礎，總目標的實現又依賴於不同時期的階段性目標的實現；而培養總目標則和社會發展的大環境的總需求、現代人才觀、學生的具體狀況相聯繫，不同的社會需求，不同的學生狀況就會有不同的學習目標。

5. 學習內容

學習內容是實現學習目標所必須學習的知識內容，是我們進行具體教學

設計操作的對象。學習內容的選擇與安排同學習目標、學習策略、學生特徵等聯繫在一起。

6. 學習情境

學習情境是為順利地掌握學習內容，盡快達到學習目標而選擇或創設的情形與環境。學習情境的創設主要是通過現代資訊技術實現的，情境的創設要與學習內容相統一，與學習過程相協調，它的作用是推進學習的進程。

7. 學習資源

學習資源是具體學習內容的輔助內容和延伸，是為了學習內容更全面、更廣博而設計的。它既與學習內容相統一，又與學習內容相區別，是輔助性的學習內容。

8. 學習策略

學習策略是自主確定學習內容的順序、學習的方法、學習用的媒體、學習目標和學習方案的一種模式和方法。其核心是要發揮學生學習的主動性、積極性，充分體現學生的認知主體作用，高效優質地完成教學任務，實現學習目標。

9. 學習評價

學習評價是教學設計的一個重要因素和環節，主要是通過對學習過程、學習結果進行評價，並對評價結果進行分析、判斷，以此來調控、修改後繼教學設計的實踐活動。沒有學習評價就不可能有完善的教學設計方案。

10. 創新空間

要在學習內容的挖掘、呈現順序和告知學習結論的方式上進行精心的設計，在思維方法和空間方面給學生留有足夠的餘地，要引導學生進行創造性思維和實踐活動。

三、中學化學典型教學模式

1. 發現式學習教學模式的教學設計案例

元素週期律

依據發現學習理論和化學學科的特點，發現學習化學教學模式可設計如

下：

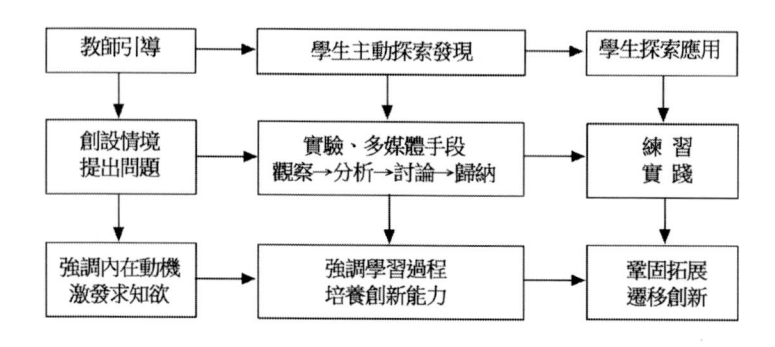

```
教師引導 → 學生主動探索發現 → 學生探索應用
   ↓              ↓                 ↓
創設情境      實驗、多媒體手段        練  習
提出問題    觀察→分析→討論→歸納      實  踐
   ↓              ↓                 ↓
強調內在動機    強調學習過程        鞏固拓展
激發求知欲    培養創新能力        遷移創新
```

下面是教學「元素週期律」一課具體應用這一教學模式的實例。

(1) 創設情境，激發動機多媒體展示：課題名稱 ———元素週期律。教師：這節課我們學習化學中一條重要的規律 ———元素週期律，知道元素週期律是誰發現的嗎？

多媒體展示：門捷列夫頭像和名言 ———什麼是天才？一生努力便成天才！

教師：元素週期律是俄國偉大的科學家門捷列夫發現的。元素週期律的發現結束了無機化學的混亂狀態，為我們學習元素的性質提供了正確的途徑和方法。今天，我請同學們當一次小門捷列夫，自己去發現元素週期律。同學們有沒有興趣和信心？

學生：有！課堂氣氛頓時活躍起來，學生對發現元素週期律產生了濃厚的興趣，這為下一步學生主動去發現元素週期律提供了內在動力。

(2) 學生主動探索發現

①發現目標之一：核外電子排布的週期性變化

a. 多媒體展示：研究對象為 1~18 號元素。

b. 人機資訊交換：1~18 號元素的原子結構示意圖。

c. 學生觀察分析：1~2 號，3~10 號，11~18 號元素核外電子排布規律 ———最外層電子數 1 → 8 穩定結構重複出現。

d. 教師引導討論：原子核外電子排布的這種變化像日曆中星期日 → 星期六重複出現一樣，像這種周而復始的變化可叫作什麼？

e. 學生：週期性變化！

f. 學生歸納：隨著原子序數的遞增，核外電子排布呈週期性變化。

②發現目標之二：元素主要化合價的週期性變化。

a. 多媒體展示：1~2 號，3~10 號，11~18 號元素的主要化合價。

b. 學生觀察分析：元素化合價的變化規律為「+1→+7 價」和「-4→-1 價」重復出現。

c. 教師引導討論：元素化合價週期性變化的原因———元素原子最外層電子排布的週期性變化。

d. 學生歸納：隨著原子序數的遞增，元素主要化合價呈週期性變化。

③發現目標之三：元素原子半徑的週期性變化。

a. 多媒體展示：1~2 號，3~10 號，11~18 號元素模擬原子圖像。

b. 學生觀察分析：原子半徑的變化規律———原子半徑大小重復出現。

c. 學生歸納：隨著原子序數的遞增，元素的原子半徑呈週期性變化。為了調節學生的學習氛圍，安排如下小插曲。多媒體展示：真棒！繼續努力！同時播放一小段輕鬆愉快的音樂。

④發現目標之四：元素的金屬性與非金屬性的週期性變化。

a. 學生分組實驗：金屬性 Na>Mg>Al。

b. 學生分析討論：非金屬性 Si<P<S<Cl。

c. 學生歸納：Na→Cl 金屬性逐漸減弱，非金屬性逐漸增強。

d. 引導分析：Na→Cl 金屬性、非金屬性變化的原因———原子結構。

e. 學生推理：Li→F 金屬性逐漸減弱，非金屬性逐漸增強。

f. 學生歸納：隨著原子序數的遞增，元素金屬性與非金屬性呈週期性變化。

引導學生得出結論：元素週期律的實質是元素原子的核外電子排布的週期性變化隨著原子序數的遞增，主要化合價、原子半徑、金屬性、非金屬性呈週期性變化。

(3) 鞏固拓展，遷移創新

鞏固練習：設計一張由 1~18 號元素組成的小元素週期表。學生紛紛動腦、動手，各顯其能，設計了各種形式的元素週期表。最後通過評比表揚了小門捷列夫元素週期表和富創意的環形元素週期表。通過練習實踐，不僅鞏固了新知識，還培養了學生的創新精神。

小資料：

發現學習教學模式的優點：

①有利於發揮學生在學習過程中的主體作用；

②能激發學生的學習熱情；

③學習知識比較牢固、便於遷移；

④有利於發展學生的能力、學習科學方法、培養科學態度。

2. 自主學習教學模式的教學設計案例

水的淨化

自主學習，就是讓學生真正成為教學活動的主體，積極主動地認知和體驗教學活動。培養具有較強的自主學習能力的人才，不僅符合現代社會的需要，也是新課改背景下學校教育的重要目標之一。

第三單元《自然界的水》在教材呈現上以前兩個單元的知識為基礎，從社會實際和學生的生活實際出發，把化學的一些概念和基本操作穿插其中，體現了知識的連續性和綜合性。《水的淨化》是該單元的重點內容，強調了過濾和蒸餾這兩個基本實驗操作，很好地體現了單元特點，對培養學生自主學習能力具有重要作用。

(1) 體驗社會生活，增強學生自主學習的興趣

在整個教學過程中，教師提供了三個與生活中的水相聯繫的情境素材：宋祖英演唱的《南陽，我的家鄉》，自來水廠淨水流程，上海世博會中的成都活水公園。其中，第一個素材作為當節課的導入部分，視頻中播放的是南陽本土風景，其中有許多與水有關的景點，緊扣本課主題，充分調動學生的學習激情。第二個素材結合南陽市居民飲用水的水源———白河，提出問題，激發學生的探究熱情。在課堂臨近尾聲，設計「請您欣賞」的欄目，播放第

三個素材。這既是對當節課所學淨水方法的小結，又體現出水的淨化應有的實際應用價值，使學生樹立終身學習、不斷自主獲得新知識的意識。

(2) 優化實驗設計，提供學生自主學習的平台

實驗室過濾操作是該節課教學的重、難點所在。這裡可以將演示實驗改為學生實驗，把學生分成學習小組展開探究實驗，從而理解明礬、過濾和活性炭的淨水原理。由於初三學生的探究能力和水平處於初級階段，為了增強探究過程的實效性，在實驗前，需要對學生提出明確要求：首先，觀察水樣特點，找到合適的淨水方法，設計出合理的方案 (包括所用藥品、儀器及主要操作步驟)，依方案進行實驗。其次，總結探究過程中出現的問題及應對措施。實驗結束後，請各小組向大家展示探究方案和成果。

在教學中，學生學習能力上的差異性表現得比較突出。45% 的學生很快就能進入狀態，他們能夠與小組其他成員在較短的時間內設計出簡單的實驗方案，並且能夠按照方案有序地進行實驗。25% 的學生，在實驗時會出現一些問題。例如，河水太多而造成過濾時間長；明礬的用量過多或過少而影響吸附效果；還有學生在過濾前加入活性炭，沒有對比，感受不到活性炭的吸附作用；還有同學過濾器的製作和過濾操作不規範，使得到的水渾濁。對於這些問題，應鼓勵學生盡量通過組內成員之間的討論和 與其他小組之間的交流來解決，教師做最後的指導與校正。也正是有了這些問題的存在，學生體驗到失敗，才能真正體會到自主探索的曲折與樂趣，增進對新知識的理解。

當大部分小組完成實驗後，教師可邀請做完實驗的學生展示探究方案，鼓勵他們用自己的話說出小組的想法和做法。例如，小組的方案與其他小組有什麼不同？哪種更科學？在實驗過程中，遇到了哪些困難，是怎麼解決的？

學生交流評價後，最後由教師小結過濾的操作注意事項及操作要領。

這樣設計，讓學生真正經歷了從「感性→理性→應用」的科學認知過程，認識到合作與交流在科學探究中的重要作用。突破難點的同時，培養了他們嚴謹求實的學習態度，提升瞭解決問題的能力。

(3) 創設遞進式問題，引導學生自主學習在整個新課教學活動中，教師設計了四個遞進式的問題，層層推進學生的思維活動，讓學生在解決問題的過程中自主學習。

導入新課時，教師提出第一個問題：「請問影片中這些天然存在的水是純淨物還是混合物？你是怎麼判斷的？」學生根據生活經驗能回答出是混合物，因為其中含有泥沙、微生物和礦物質等。這樣學生們就會明白：天然水不適合直接飲用，要喝上衛生潔淨的水，就要想辦法淨化。這樣，自然而然地引出新課題的學習。

在介紹自來水淨水流程前，展示一瓶取自南陽市白河的水，提出第二個問題：「你能利用已有的生活經驗，把這瓶水中的雜質除去嗎？」這個問題與學生的生活貼切，他們的積極性被調動起來，他們能夠回答出相應的解決方法。例如，靜置一段時間，讓泥沙沈底；加消毒劑消毒；煮開；用過濾器過濾等。但是，由於學生的實踐經驗有限，對白河水怎樣變成自來水的過程難以想象和理解，所以，還需播放視頻加以展示。這個問題的設計，可以在學生原有知識經驗和新知識（也就是水廠淨水流程）間建立聯繫，實現知識的遷移，為下個環節的探究實驗做好準備。

在介紹實驗室過濾操作之前，提出第三個問題：「能否模仿水廠淨水過程，自己動手把一瓶加了少量品紅的白河水淨化？」這樣，使學生自主學習的熱情達到高潮。在教師的引導下，順利進入探究實踐活動中。

實驗結束後，教師用學生過濾得到的水和一杯蒸餾水，提出第四個問題：「能用簡單方法區分這兩種水嗎？」由於學生沒有學過物質鑑別的化學方法，對蒸發操作也很陌生，所以他們會感到以前的知識已經不能解答這個問題，從而產生了一種心理上的期待感，期待從老師這裡得到答案。於是，教師可以模仿綜藝節目中的魔術師，向兩個燒杯中分別加入適量的肥皂水，用玻璃棒攪拌後，將出現的不同現象展示給學生觀察，並告訴他們：「出現浮渣的是過濾得到的水，出現豐富泡沫的是蒸餾水。這到底是為什麼呢？」此時的學生會產生一種想揭秘魔術的焦慮感。心理學研究認為，中學生只有處在中等程度的焦慮狀態，才能有效地產生學習需要。這時，再讓學生帶著問題自學課本，尋找答案，會收到很好的教學效果。

(4) 指導閱讀教材，培養學生的自主學習能力

該課教材中設置了兩個淨水示意圖，「活動與探究」內容中介紹了具體的過濾操作方法，還有關於硬水、軟水的相關知識。這些都是學生學習該課

程知識的重要資源。所以，可以充分利用教科書指導學生自學，培養學生自主學習的能力。例如，在過濾操作實驗前，先引導學生閱讀教材，做好準備。然後，在介紹硬水和軟水的區別和轉化時，可以設置以下三個閱讀任務：第一，明確區別硬水、軟水，並弄清楚硬水的危害。第二，為什麼能用肥皂水區分硬水、軟水？第三，在生活中和實驗室裡，用什麼方法可以把硬水轉化成軟水？通過這一過程，幫助學生明確這個環節的學習目的，幫助他們分清閱讀的主次和重點，培養其自主學習的能力。

總之，培養學生的自主學習能力是一個系統工程，需要教師轉變教育教學觀念，研究學生的學習規律，並且能夠針對學生的心理特點和現實需要，採取靈活多樣的教學策略。

3. 探究式學習教學模式的教學設計案例

化學能與熱能

(1) 教學目標

①知識與技能

a. 通過科學探究活動，學生在實驗室探究中認識和感受化學能與熱能之間相互轉化及其研究過程，學會定性和定量研究化學反應中熱量變化的科學方法。

b. 拓寬科學視野，建立正確的能量觀。

c. 進一步加強根據實驗進行分析的能力；通過科學探究的學習方法，研究化學問題的能力；進一步形成用對比的方法認識事物和全面地分析事物的邏輯思維能力。

②過程與方法

a. 學生通過實驗與觀察，進一步運用和掌握研究化學問題的科學方法。

b. 通過對未知化學問題進行科學探究，使學生瞭解與掌握科學探究的學習方法。

③情感態度與價值觀通過科學探究，認識與解決未知化學問題，使學生熱愛科學，尊重科學，感悟到科學研究的魅力。

(2) 教學重點

化學能與熱能之間的內在聯繫，以及化學能與熱能的相互轉化。

(3) 教學難點

從本質上 (微觀結構角度) 理解化學反應中的能量變化，從而建立起科學的能量變化觀。

(4) 教學方法：實驗、比較、科學探究。

(5) 課時安排：第二章第一節第二課時。

(6) 教具準備：小試管、小燒杯、膠頭滴管、玻璃棒、大小玻璃片、棉花、鋁片、稀鹽酸、稀硫酸、$Ba(OH)_2 \cdot 8H_2O$、NH_4Cl、環形玻璃攪拌棒。

實驗 1：

[學生分組實驗] 放熱反應：金屬與酸的反應。

[填寫實驗記錄]

實驗步驟	眼睛看到的現象	用手觸摸的感覺	用溫度計測量的數據
在一支試管中加入 2~3mL 6mol/L 的鹽酸溶液			
向含有鹽酸溶液的試管中插入用砂紙打磨過的鋁條			
結論			

[思考與討論]

①寫出鋁與鹽酸反應的化學方程式：＿＿＿＿＿＿＿＿＿＿＿＿。

②用眼睛不能直接觀察到反應中的熱量變化，你將採取哪些簡易的辦法來瞭解反應中的熱量變化？

③要明顯地感知或測量反應中的熱量變化，你在實驗中應注意哪些問題？

[反思與評價]

①個人反思和總結。

a. 通過這個實驗你學到了哪些化學知識？學會了哪些實驗方法？

b. 在整個過程中，你最滿意的做法是什麼？你最不滿意的做法是什麼？

②組內交流和評價。

a. 在思考、討論過程中，同組成員給了你哪些啟示？你又給了同組成員哪些啟示？

b. 在實驗中，同組成員給了你哪些幫助？你又給了同組成員哪些幫助？

實驗 2：

[學生分組實驗] 吸熱反應。

[分組實驗] 閱讀教材，並根據已有知識設計實驗方案和實驗步驟。

[填寫實驗記錄]

實驗步驟	實驗現象	得出結論
將晶體混合後立即用玻璃棒快速攪拌混合物		
用手觸摸燒杯下部		
用手拿起燒杯		
將粘有玻璃片的燒杯放在盛有熱水的燒杯上，過一會兒再拿起		
反應完後移走燒杯上的多孔塑膠片，觀察反應物		

[思考與討論]

①用化學方程式表示上述反應：＿＿＿＿＿＿＿＿＿＿＿＿＿＿＿＿。

②整個實驗中有哪些創新之處？怎樣處理生成的氨氣？

實驗 3：

學生分組實驗：放熱反應，中和反應。

兩個學生分成一組進行實驗，其中每個學生做一個實驗並記錄實驗現象供組內交流、比較使用，然後討論得出結論。

步驟一：兩個學生各取一支大小相同的試管，分別做一個實驗並記錄實驗現象和數據。

步驟二：匯總實驗現象和數據並列表比較。

步驟三：對實驗進行原理性抽象———為什麼強酸與強鹼發生反應時都會放出熱量？

[討論分析]

三個反應的化學方程式和離子方程式分別是：_____。

[反思與評價]

①為什麼三個不同的反應，放出的熱量也相等？

②此實驗過程中應注意什麼問題？(濃度、用量、反應時間)

③通過實驗總結中和熱的概念。

[小組總結評價]

化學反應大部分為放熱反應，如鋁片與鹽酸的反應就是放熱反應。

①一般活潑金屬與水和酸的反應是放熱反應。

②木炭、氫氣、甲烷等在氧氣中的燃燒反應也都是放熱反應。少部分化學反應是吸熱反應，如二氧化碳與碳的反應。

③一個確定的化學反應在發生過程中是吸收能量還是放出能量，決定於反應物的總能量與生成物的總能量的相對大小。從能量守恆可知：

ΣE(反應物) > ΣE(生成物)———放出能量

ΣE(反應物) < ΣE(生成物)———吸收能量

[小組間交流和評價]

①總結後，你覺得你們的實驗結果怎麼樣？有哪些好的地方，哪些不足的地方？不足之處應怎樣改進？

②在實驗中你是否有了新的設想？

拓展實驗：

同學們設計實驗：如何通過實驗來測定鹽酸與氫氧化鈉反應的中和熱？你認為在設計實驗裝置和操作時要注意哪些問題？你準備如何進行實驗？

[提示]

在設計實驗裝置和操作時需從兩個方面考慮，一是注重「量」的問題，如：①反應物的濃度和體積取定值；②測量反應前後的溫度值；③做平行實驗取平均值。二是盡量減小實驗誤差。

實驗用品：大燒杯(500ml)、小燒杯(300ml)、溫度計(100℃)、量筒(50ml)2

個、碎紙片、硬紙片(中間有兩個小孔)、環形玻璃攪拌棒、1.0mol/L HCl 溶液、1.1mol/L NaOH 溶液。

實驗原理：酸鹼中和反應是放熱反應，中和後放出的熱量等於溶液和容器吸收的熱量。可以通過測定一定量酸與鹼中和時溶液溫度的變化，求出中和熱。

1.0mol/L HCl 溶液和 1.1mol/L NaOH 溶液的密度可以近似為 1g/ml。所以 50ml 1.0mol/L HCl 溶液的質量 m_1=50g。50ml 1.1mol/L NaOH 溶液的質量 m_2=50g，中和後生成的溶液質量為 m_1+m_2=100g，它的比熱為 c，量熱器(測定熱量的儀器，有保溫隔熱的作用)的熱容為 C_0(焦/開)。若溶液溫度的變化是 t_2-t_1，在中和時放出的熱量為：$Q=[(m_1+m_2)_c+C_0](t_2-t_1)$

又 50ml 1.0mol/L HCl 溶液中含 HCl 0.05mol，它與 50ml 1.1mol/L NaOH 溶液中和時生成 0.05mol 水，放出熱量是 Q，即生成 1mol 水時放出熱量(中和熱)是：$Q/0.05=[(m_1+m_2)_c+C_0](t_2-t_1)/0.05$ 溶液的比熱 c 可以近似地作為水的比熱，即 4.18 焦/(克·開)。在中學實驗中精確度不要求很高，通常可忽略量熱器的熱容。這樣中和熱可用下式計算：$Q=100(t_2-t_1)/0.05$(卡)其中，1 卡=4.186 焦。

[填寫實驗記錄]

實驗次數	起始溫度(℃) HCl 溶液	起始溫度(℃) NaOH 溶液	起始溫度(℃) 平均值 t_1	終止溫度 t_2(℃)	溫度差 (t_2-t_1)(℃)
1					
2					
3					

[反思與評價]
①實驗過程中有什麼注意事項沒有注意到，導致誤差較大？
②你對此實驗有什麼改進方法？

思考題

1. 有人說：探究模式是新課程所倡導的一種教學模式，能促進學生學習素養的發展，我們應該全部採用這種模式進行化學教學。你同意嗎？請說明你的理由。

2. 中學化學不同的內容可以根據教學環境、學生的已有基礎等具體情況採取不同的教學模式，請結合具體的內容分析元素及其化合物、化學基本原理、化學實驗等化學核心知識分別適合採用哪種教學模式。

實踐探索

農村中學和城市中學在化學教學環境、教師素質、學習資源等方面均存在差異，請以「化學能與熱能」為例，嘗試對同一教學內容設計不同的教學方案。

拓展延伸

當前，很多化學課堂師生所遵循的教與學的方法基本上是一種靜態的、注入式的教學方法，很少讓學生通過自己的活動與實踐來獲得知識；依靠學生查閱資料、集體討論為主的活動很少；教師佈置的作業也多為書面習題與閱讀教科書，而很少佈置如觀察、製作、實驗、社會調查等實踐性作業；學生很少有機會根據自己的理解發表看法和意見，課堂教學在一定程度上存在著以「課堂為中心、教師為中心、課本為中心」的情況，學生只能按照教師設計好的程序靠「聽、記、背、練」被動學習，請你結合具體的一節課或一個單元，運用本章所學的知識和網路學習平台，嘗試採用自主學習、發現學習或探究學習的方式進行教學方案的設計，避免上述現象的發生或對其進行優化。

第三章　化學教學設計的背景分析

學習目標

　　1. 知道在進行化學教學設計前需要進行化學學習需要分析、學生學習情況分析和學習內容分析。

　　2. 了解學習需要分析對有效教學的重要意義，能運用學習需要分析的方法和步驟結合具體化學教學內容進行分析。

　　3. 會分析學生的學習起點及化學學習情況，並將其運用於化學教學設計中，掌握概念圖的分析方法。

　　4. 知道中學化學學習的核心知識，瞭解學生在認識不同類型的知識的過程中需要的不同的方法，能結合具體內容進行分析。

教學設計工作是從三種不同的「分析」(即學習需要分析、學習情況分析、學習內容分析) 開始的，因為這三種分析都處在教學設計的開始階段，所以可以把它們統稱為「教學設計的前期分析」。這三種分析是相互聯繫的，學習需要分析是整個教學設計過程的第一步，分析以後將得到總的教學目標，這個總目標規定了學生經過學習之後能達到的能力水平，指明瞭學生將要獲得的能力。學習內容分析與學生特徵分析之間雖然沒有先後順序，但有著內在的聯繫，通過進行學生特徵分析，可明確學生的起點能力，進而確定學習起點，並為選擇教學策略提供依據。學習內容分析就要根據前面兩項分析的結果確定學習內容，促使學生從起點能力向終點能力轉化，確保總的教學目標能夠實現。由此看來，前期分析可以使我們瞭解教學設計的背景，搞清楚影響教學效果的各種因素之間的關係。只有這樣才能做到有的放矢地進行教學設計，真正提高教學效率，使教學效果達到最優化。

第一節　化學學習需要分析

一、化學學習需要概述

　　學習需要分析就是通過內部參照分析或外部參照分析等方法，找出學生的現狀和期望之間的差距，確定需要解決的問題是什麼，並確定問題的性質，形成教學設計項目的總目標，為分析學習內容、編寫學習目標、制訂教學策略、選擇和運用教學媒體以及進行教學評價等各項教學設計的工作提供真實的依據。因此，學習需要分析是教學設計的一個非常重要的開端。

　　學習需要是指學生目前的學習狀況與期望他們達到的學習狀況之間的差距，或者說，是學生目前水平與期望學生達到的水平之間的差距。差距指出了學生在能力素質方面的不足，指出了教學中實際存在和要解決的問題。分析學習需要是指通過系統化的調查研究過程，發現教學中存在的問題，通過分析問題產生的原因確定問題的性質，論證解決該問題的必要性和可行性。

　　在化學學習中，學生化學學習需要與馬斯洛需要一樣，是有層次的。如圖 3-1 所示。

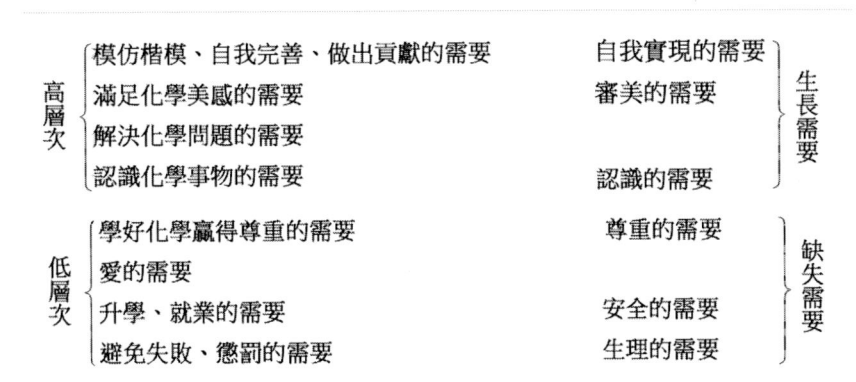

```
          ┌ 模仿楷模、自我完善、做出貢獻的需要      自我實現的需要 ┐
高層次 ┤ 滿足化學美感的需要                              審美的需要        ├ 生長需要
          │ 解決化學問題的需要
          └ 認識化學事物的需要                              認識的需要

          ┌ 學好化學贏得尊重的需要                      尊重的需要        ┐
低層次 ┤ 愛的需要                                                                    ├ 缺失需要
          │ 升學、就業的需要                                  安全的需要
          └ 避免失敗、懲罰的需要                          生理的需要        ┘
```

圖 3-1 化學學習需要

二、化學學習需要分析的方法與步驟

學習需要分析可以分為以下四個基本步驟，我們在實踐中可根據實際情況靈活掌握。

(1) 規劃。它包括確定分析對象——學生、選擇分析方法（如內部參照法或外部參照法）、確定收集數據的技術（包括問卷、評估量表、面談、小組會議及案卷查詢）、選擇參與學習需要分析的人員。

(2) 收集數據。收集數據不可避免地要考慮樣本的大小和結構。樣本必須是每一類對象中具有代表性的個體。此外，收集數據還應包括日程的安排以及分發、收集問卷等工作。

(3) 分析數據。對收集到的數據，必須進行系統性分析，並根據經濟價值、影響、某種順序量表、呈現的頻數、時間順序等對分析的結果予以優化選擇和排列。

(4) 寫出分析報告。分析報告應包括四個部分：概括分析研究的目的；概括地描述分析的過程和分析的參與者；用表格或簡單的描述說明分析的結果；以數據為基礎，提出必要的建議。

三、學習需要分析應注意的問題

(1) 學習需要是指學生的需要（即學生的現狀與期望學生達到的狀況之間存在的差距），而不是教師的需要，更不是對教學過程、手段的具體需要。

(2) 獲得的數據必須真實、可靠地反映學生和有關人員的情況，它包括現在和將來應該達到的狀況，切忌僅憑主觀想象或感覺來處理學習需要問題。

(3) 注意對參加學習需要分析的所有合作者(包括學生、教育者、社會人士三方面)的價值觀念進行協調，以取得對期望值和差距盡可能接近的看法，否則我們得到的數據將無效。

(4) 要以學習行為結果來描述差距，而不是用過程(手段)來描述，要避免在確定問題之前就急於去尋找解決的方案。

(5) 學習需要分析是一個永無止境的過程，所以在實踐中要經常對學習需要的有效性提出疑問和進行檢驗。

第二節　化學學習情況分析

教學活動設計的宗旨是為了促進學生的學習。因此，要獲得成功的教學活動設計，就需要對學生進行分析，以學生的特徵為教學活動設計的出發點。學生特徵是指影響學習過程有效性的學生的經驗背景。學生特徵分析就是要瞭解學生的一般特徵、學習風格，分析學生學習教學內容之前所具有的初始能力，並確定教學活動的起點依據。其中，學生的一般特徵分析就是要瞭解會對學生學習有關內容產生影響的心理特點和社會特點，主要側重於對學生整體情況進行分析。學習風格分析主要側重於瞭解學生之間的一些個體差異，瞭解學生各自不同的學習方式，瞭解他們對學習環境條件的不同需求，瞭解他們在認知方式上的差異，瞭解他們的焦慮水平等個性意識傾向性差異，瞭解他們的生理類型的差異等。

一、化學學習起點分析的維度

化學學習起點分析可以瞭解學生的學習準備情況及其學習風格，為學習內容的選擇和組織、學習目標的闡明、教學活動的設計、教學方法與媒體的選用等教學外因條件適合於學生的內因條件提供依據，從而使教學真正促進學生智力和能力的發展。它主要包括三個方面：

1. 學習準備的分析

學習準備是學生在從事新的學習時，其原有的知識水平和原有心理發展水平對新的學習的適應性。教學的成功與否在很大程度上取決於學生的準備狀態，而且任何教學都以學生的準備狀態作為出發點。學習準備包括兩個方面：一是學生進行化學學習的心理、生理和社會的特點，包括年齡、性別、學習動機、個人對學習的期望、工作經歷、生活經驗、經濟、文化、社會背景等一般特徵；二是學生對化學學科內容的學習已經具備的知識技能基礎及其學習態度。

　　在中學階段，學生思維能力得到迅速發展，他們的邏輯思維處於優勢地位，表現出以下五個方面的特徵：①通過假設進行思維。能按照提出問題、明確問題、提出假設、檢驗假設的途徑，經過一系列抽象的邏輯推理過程來解決問題。②思維的預計性。在複雜的活動前採取諸如打算、計劃、制訂方案和策略等預計因素。③思維的形式化。中學生思維成分中形式運算思維已逐步佔優勢。④思維活動中，自我意識或監控能力明顯增強。中學生能反省和自我調節思維活動的進程，使思路更加清晰、判斷更為準確。⑤思維能跳出舊框框。中學生的創造性思維迅速發展，追求新穎、獨特的因素，追求個性色彩和系統性、結構性。國中生抽象邏輯思維雖佔優勢，但很大程度上還屬經驗型，需要感性經驗的直接支持。他們能夠用理論作為指導來分析、綜合各種事實材料，從而不斷擴大自己的知識領域，還能掌握從一般到特殊的演繹過程和從特殊到一般的歸納過程。從經驗型水平向理論型水平轉化是從國中二年級開始的，到高中二年級思維則趨向定型、成熟。需要注意的是，與小學生一樣，中學生的智力發展與能力發展也存在著不一致性。

　　在情感方面，國中階段和高中階段有不同的特徵。國中學生自我意識逐漸明確，他們富有激情，感情豐富，愛衝動，愛幻想。他們開始重視社會道德規範，但對人和事的評價比較簡單和片面。他們在對知、情、意的自我調控中，意志行為日益增多，抗誘惑能力日益增強，但自我調控仍不穩定。高中階段，獨立性、自主性日益增強，成為情感發展的主要特徵。學生的意志行為愈來愈多，他們追求真理、正義、善良和美好的東西。自我調控逐漸在行為控制中佔主導地位，即一切外控因素只有內化為自我控制時才能發揮其作用。另外，從國中到高中，學習動機也逐漸由興趣型轉向信念型。

2. 學生的起點水平分析

學習的起點是學生學習新知識之前已具備的知識和技能，是學習新知識支持性的前提條件，任何一個學生都是由他原來所學的知識、技能、態度帶入新的學習過程中的。分析學生的起點水平的目的，是瞭解學生的學習準備狀態方面的情況，為教學內容的選擇和組織、教學活動的安排、教學策略的採用等教學設計工作提供科學的依據。瞭解學生在教學開始之前的知識技能，其目的有兩個：明確學生對於面臨的學習是否有必備的行為能力，應該提供給學生哪些「補救」活動，我們稱之為「預備能力分析」；瞭解學生對所要學習的東西已經知道了多少，我們稱之為「目標能力分析」。

對預備能力的預估通常需要編制一套預測題。教學設計者可以根據經驗先在學習內容分析圖上設定一個教學起點，將該起點以下的知識技能作為預備能力，並以此為依據編寫預測題。也可採用概念圖的方法去確定，可依據具體情況靈活選擇。繪制概念圖之前，需要教師對學生之前所學的相關知識進行歸納、總結，同時要在這些知識與新知識之間建立起聯繫，找出它們之間的關聯性。為了判斷學生的知識學習起點，可以讓學生自行繪制某一知識的概念圖，通過與標準概念圖的比較，判斷分析學生的原有知識結構，以此指導自己的教學設計和教學活動的實施。如圖 3-2 關於「元素」的概念圖，可用作標準概念圖，應用於《化學(必修1)》第一章物質的分類教學中。

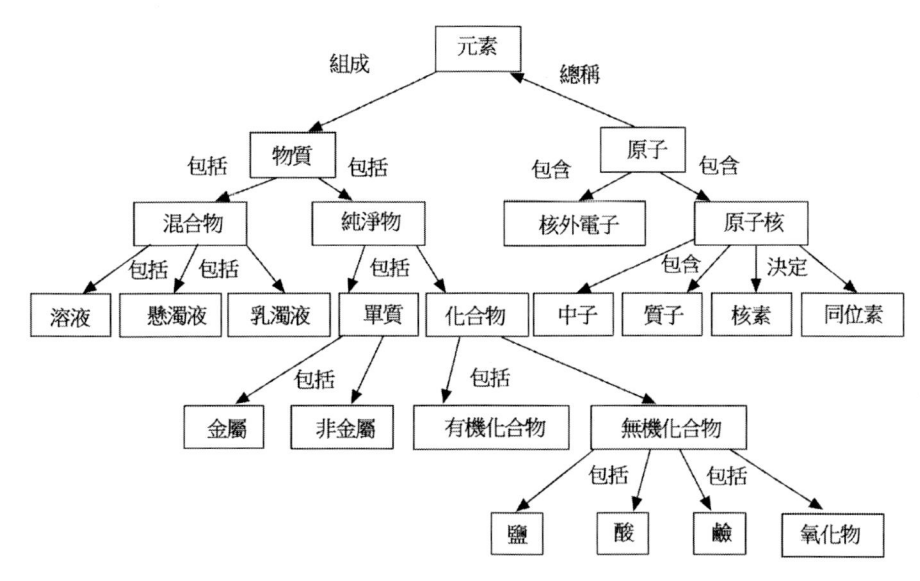

圖 3-2 元素的概念圖

【評析】先讓學生對關於元素的相關知識設計概念圖，通過將學生對關於元素的概念圖與圖 3-2 的概念圖進行比較分析，得到學生認知結構中的缺陷和不足，進而瞭解到學生的原有知識結構特徵，只有以學生原來具有的認知結構為基礎，通過精心設計的教學活動，指導學生重建自己的認知結構，才能使教學獲得成功。

3. 學生學習風格的分析

在各種學習情境中，每一個學生都必須由自己來感知資訊，對資訊做出處理、儲存和提取等反應。而學生之間存在著生理和心理上的個體差異，不同學生獲取資訊的速度不同，對刺激的感知及反應也不同。要實現真正意義上的個別化教學，必須為每一個學生提供適合其特點的學習計劃、學習資源和學習環境。多媒體技術的發展和教學資源的豐富與共享，使大規模地開展個別化教學成為可能。

物質的量的學習是一部分學生較難理解的問題。對於不同的學生，可以採取不同的教學方式。

(1) 對於數理邏輯智能較強的學生，可以多做理性分析：依下列線索引導學生先理解物質的量的概念、莫耳單位的意義，而後自然而然地學會它的

應用：「化學科學計量為什麼要引入一種新的計量單位？」「亞佛加厥常數 NA 是怎麼推算出來的？」「利用物質的量的概念，怎樣換算物質的質量、體積和微粒數？」這種學習程序是：瞭解問題的產生緣由—理解「物質的量」概念的產生和意義—理解物質的量的單位莫耳與亞佛加厥常數—掌握物質的量和物質的質量、體積、所含微粒數的換算關係。

(2) 而對於自然觀察、語言智能較強的學生，可以通過簡要的語言描述，實際應用的例子，讓他們先接受（知道）莫耳單位，通過模仿、練習，初步學會應用，慢慢領悟什麼是物質的量，最終達到理解、掌握。這種學習程序大致為：知道有一種新的計量單位莫耳—認識怎樣計算 1mol 物質的質量、含有的微粒數—應用莫耳單位進行簡單的計算—接受莫耳單位和物質的量的概念—在應用中逐漸領悟、掌握。

對學生學習風格的分析有利於教師把握學生之間存在的個體差異，從而選擇更加有效的教學策略和方法，促進學生個體的學習與發展。

二、化學學習情況分析應注意的問題

分析學生特徵時，既需要考慮學生之間的穩定的、相似的特徵，又要分析學生之間變化的、差異性的特徵。相似性特徵的研究可以為課堂教學提供理論指導，差異性研究能夠為個別化教學提供理論指導。實際上，在教學設計實踐中我們不可能考慮到所有的學生特徵，即使考慮到，在設計層面上也有一定的制約。因此我們應主要考慮那些對學生的學習能夠產生最為重要的影響，並且是可干預、可適應的特徵要素。在分析學生的特徵時，不僅要分析一般性的、穩定的特徵，而且需要考慮學習化學學科時所表現出來的獨特性。

第三節　化學學習內容分析

學習內容分析就是在確定好總的教學目標的前提下，借助歸類分析法、圖解分析法、層級分析法、資訊加工分析法等方法，分析學生要實現的總的教學目標，需要掌握哪些知識技能、方法或形成什麼情感態度。通過對學習內容的分析，可以確定學生所需學習的內容的範圍和深度，並能確定內容各

組成部分之間的關係，為以後教學順序的安排奠定基礎。由於分析學習內容是為了規定學習內容的範圍、深度及學習內容各部分的聯繫，回答「學什麼」的問題，而與實際教學設計項目有所不同，所以學習內容分析可以在不同層次上進行。

在中國新一輪課程改革中，高中化學新課程改變了傳統的以物質結構為基礎、以元素週期律為主線的課程體系，在內容的選擇上，充分反映現代化學發展和應用的趨勢，突出「物質」「結構」和「反應」三大核心主題，引領學生形成基本的化學觀念；重視化學、技術與社會的相互聯繫，培養學生的社會責任感、參與意識和決策能力；加強科學過程和科學方法的學習，培養學生的科學探究能力。

一、化學學習內容分析概述

1. 學習內容分析的含義

學習內容，就是指為了實現教學目標，要求學生系統學習的知識、技能和行為規範的總和。

學習內容分析要解決的核心問題是安排什麼樣的學習內容，才能夠實現學習需要所確定的總的教學目標。學習內容分析是以總的教學目標為基礎，旨在規定學習內容的範圍、深度和揭示學習內容各組成部分的聯繫，以保證達到教學效果最優化。學習內容的範圍指學生必須達到的知識和能力的廣度；學習內容的深度規定了學生必須達到的知識深淺程度和能力的質量水平。明確學習內容各組成部分的聯繫，可以為教學順序的安排奠定基礎。所謂教學順序，是指把這些規定了廣度和深度的知識與技能，用便於學生理解和接受的形式加以序列化。所以，學習內容的安排既與「學什麼」有關，又與「如何學」有關。學習內容分析的結果表明：學習完成之後學生必須知道什麼、能做什麼；學生為了達到這樣的目標，需要哪些預備知識、技能和態度，以及化學內容的結構及最佳教學順序。經過學習內容分析，教師就會明白應該如何教學。

依據新頒布的化學課程標準，最有教育價值的化學核心知識包括：①關於物質的探究、物質性質的驗證、物質的變化、能量轉化；②對化學基本概

念的描述，用模型和理論(規律、原理、定律)來闡釋化學過程；③化學知識的應用及其對環境的副作用；④化學的社會觀、價值觀等是中學階段化學課程中要形成的基本觀念。化學學習內容就是以這些核心知識為核心選擇的，能形成和體現這些基本觀念的具體知識內容，並在每一單元中都突出基本觀念的主導地位，引導學生將具體化學知識和概念的學習與基本觀念的形成有機地融合。

例如，「物質的探究、物質性質的驗證、物質的變化、能量轉化」的主要內容包括「物質是由元素組成的，從多種角度依據不同的標準對物質進行分類，各類物質的結構，各類物質的性質，各類物質之間的反應關係，化學反應實質」。在必修和選修模組中，圍繞這一基本觀念，分別從不同的章節、結合不同的知識內容來引入和加深知識。必修教材分別從幾個不同的角度對物質進行分類，如從分散系分類的角度引出膠體的內容，從導電角度引出電解質和非電解質，從物質在化學反應中所起的作用角度引出氧化劑和還原劑。必修教材的其他章節則介紹物質的性質：非金屬元素碳、氮、硫、矽的性質，海水中幾種金屬和非金屬的性質，重要的有機化合物等，認識酸、鹼、鹽之間的反應實質是離子反應，瞭解原子結構與元素性質的關係，瞭解化學反應中物質變化和能量變化的實質，使學生通過不斷學習而循序漸進地建立起這些基本觀念。選修模組「物質結構與性質」的內容則主要是討論物質結構與性質之間的關係，較為抽象，在化學基本理論的學習與應用上的要求比其他模組要高，教材是通過聯繫學生在必修教材已學過的有關物質及其變化的經驗與知識，用化學實驗或引用實驗事實幫助學生理解，同時還運用各種模型、圖表和現代資訊技術來加深理解。

2. 學習內容的選擇

我們首先討論單元的選擇。教師一般按單元組織教學。化學教育中，單元是指化學課程內容的劃分單位，也就相當於教材的一章，大致是某類化學問題。一個單元的內容有相對的完整性。單元實質上反映了課程編制者或教師對化學學科結構的總的看法，以及在此基礎上對這種結構按教學要求所做的分解和邏輯安排。

在選擇學習內容時，為防止遺漏學習重點和要點，應盡可能多地收集與

課程目標有關的內容資料。在確定學習內容時可以合併相關內容或刪除不必要的部分。例如，選修模組裡面新增了很多以前沒有的內容，是為對化學學習有較高要求的學生所設計的，我們在教學方式和內容深度上仍應保持高中階段應有的要求及與基礎模組的銜接，但是更注重化學知識的認知過程和要求，在敘述與推演上更重視科學內涵與發展的邏輯關係。另外，選修模組的設置，為了滿足學生的不同需要，為具有不同潛能和特長的學生的未來發展打下良好基礎。選修模組新增內容一方面體現了課程內容的時代性，另一方面，可能是本模組核心的知識。在教學時，對多數學生應以課程標準的要求為準，對有潛能、有興趣的學生可以適度拓展。對於學生來說，最重要的東西就是核心知識、核心方法、核心思路，當我們的教學形式發生改變，當我們的課堂變成學生思維碰撞的「戰場」，學生求知的「鬥志」被激發後，學生就不會覺得學習很痛苦了。

3. 學習內容的安排

學習內容的安排是對已選定的學習任務進行組織編排，使它具有一定的系統性或整體性。在化學課程中，各單元學習內容之間的聯繫一般有三種類型：一是相對獨立，各單元在順序上可互換位置；二是一個單元的學習構成另一個單元的基礎，這類結構在序列上極為嚴密；三是各單元學習內容的聯繫呈綜合型。所以在組織學習內容時，首先要搞清楚各項學習任務之間的聯繫。

在教學內容組織編排的各種主張中，較有影響的有三種觀點：一是布魯納提出的螺旋式編排教學內容的主張，即根據學生的智力發展水平，讓學生盡早有機會在不同程度上去接觸和掌握化學學科的基本結構，以後隨著學生在智力上的成熟，圍繞基本結構不斷加深內容深度，使學生對化學有更深刻和有意義的理解；二是加涅提出的直線編排教學內容的主張，他從學習層級論的觀點出發，把教學內容轉化為一系列習得能力目標，然後按這些目標之間的心理學關係，即從較簡單的辨別技能的學習到複雜的問題解決技能的學習，把全部教學內容按等級來排列；三是奧蘇貝爾提出的漸進分化和綜合貫通的原則。漸進分化是指「該學科的最一般和最概括的觀念應首先呈現，然後按細節和具體性逐漸分化」；綜合貫通是強調學科的整體性。因為化學學

科內容不僅包括化學學科的各種概念和規則，同時也包括化學學科本身的特定結構、方法或邏輯，如果不掌握這部分內容，就不可能真正理解這門學科。我們在編排學習內容時，應根據化學學科特點綜合運用上述三種觀點。

組織學習內容要重視以下幾個方面：①由整體到部分，由一般到個別，不斷分化。如果學習是以掌握科學概念為主的，則基本的原理和概念應放在中心地位。這是因為當人們在接觸一個完全不熟悉的知識領域時，只有闡明瞭理論框架，才能借助這種框架進行分類和系統化。②確保從已知到未知。如果學習的內容在概括程度上高於學生原有的概念，或要學習的新的命題與學生認知結構中已有的概念不能產生從屬關係時，就應採取由淺入深、由易到難、由具體到抽象，由較簡單技能到複雜技能的序列，排成一個有層次或有關聯的系統，使前一部分的學習為後一部分的學習提供基礎，成為後續學習的「認知固著點」。③按事物發展的規律排列。如果學習內容是線性的，可以通過向前的、進化的、按年代發展或從起源出發的方法來編排。這樣的組織方式與研究的社會現象、自然現象的變化順序和客觀事物本身發展的順序一致，符合事物的運動變化規律，能使學生對自然和社會現象的發展過程有比較全面的認識。④注意教學內容之間的橫向聯繫。安排學習內容時，不僅要注意概念縱向發展之間的聯繫，還要注意從橫向方面加強概念原理、單元課題之間的聯繫以及知識、技能、情感各部分內容之間的協調銜接，以促進學生融會貫通地去學習。

例如，在高中課程標準中，「化學反應原理」的內容分為 3 個部分呈現：必修模組《化學1》中的「電解質」，必修模組《化學2》中的「化學鍵與化學反應」「化學反應的快慢和限度」，以及選修模組《化學反應原理》。《化學1》中將「電解質」內容包含在第 2 章「元素與物質世界」中介紹，《化學2》中將「化學鍵與化學反應」「化學反應的快慢和限度」在第 2 章「化學鍵化學反應與能量」中介紹，而選修模組《化學反應原理》是相對獨立的，比較系統地介紹了有關化學原理的基礎知識。

《化學反應原理》按章、節、節下標題來組織教材內容體系，共分 3 章 11 節內容。第 1 章「化學反應與能量變化」、第 2 章「化學反應的方向、限度與速率」、第 3 章「物質在水溶液中的行為」。在內容組織原則上注重三

序結合,即教材的邏輯順序、學生的認知順序與學生的心理發展順序結合,注重知識的直線排列與螺旋上升。

【案例】用概念圖策略分析《化學(必修1)》的概念體系。

第一章以化學實驗方法和技能為主要內容和線索,結合基本概念等化學基礎知識,將實驗方法、實驗技能與化學基礎知識緊密結合,引出了若干高中化學的核心概念,如物質的量、莫耳質量、氣體莫耳體積、物質的量濃度等。在知識的深度、廣度把握上,教師一定要注意與國中知識的銜接,同時又要符合學生的認知發展順序。在本章的教學過程中,教師應創設有利於學生自主學習、主動探究的學習情境,充分利用教材內外的各種素材,運用多種教學手段,結合已有的知識和生活經驗,讓學生在學習活動中領悟物質的量、氣體莫耳體積、物質的量濃度等概念,體驗探究活動的過程和樂趣。教學的重點是讓學生學會通過學習化學,瞭解化學的一般方法,培養學生對化學科學的情感。

第二章是連接國中化學與高中化學的紐帶和橋梁,對於引導學生有效地進行高中階段的化學學習,發展學生的科學素養,具有非常重要的承前啟後的作用。對化學物質及其變化的分類是本章的一條基本線索。考慮到學生在進入高中化學學習時,一般都需要復習國中的知識,如化學基本概念和原理、物質間的化學反應等。因此,把化學反應與物質分類編排在高中化學的第二章,使學生對物質的分類、離子反應、氧化還原反應等知識的學習,既源於國中又高於國中,既有利於初、高中知識的銜接,又有利於學生運用科學方法進行化學學習。從化學物質的分類來看,純淨物的分類在國中已初步介紹過,這裡主要是通過復習使知識進一步系統化。溶液和濁液這兩種混合物雖然國中也涉及過,但是還沒有從分散系的角度對混合物進行分類。因此,分散系和液態分散系的分類、膠體及其主要性質是高中化學的新知識。膠體的性質表現在很多方面,這裡只是從膠體與溶液區分的角度介紹膠體的性質。

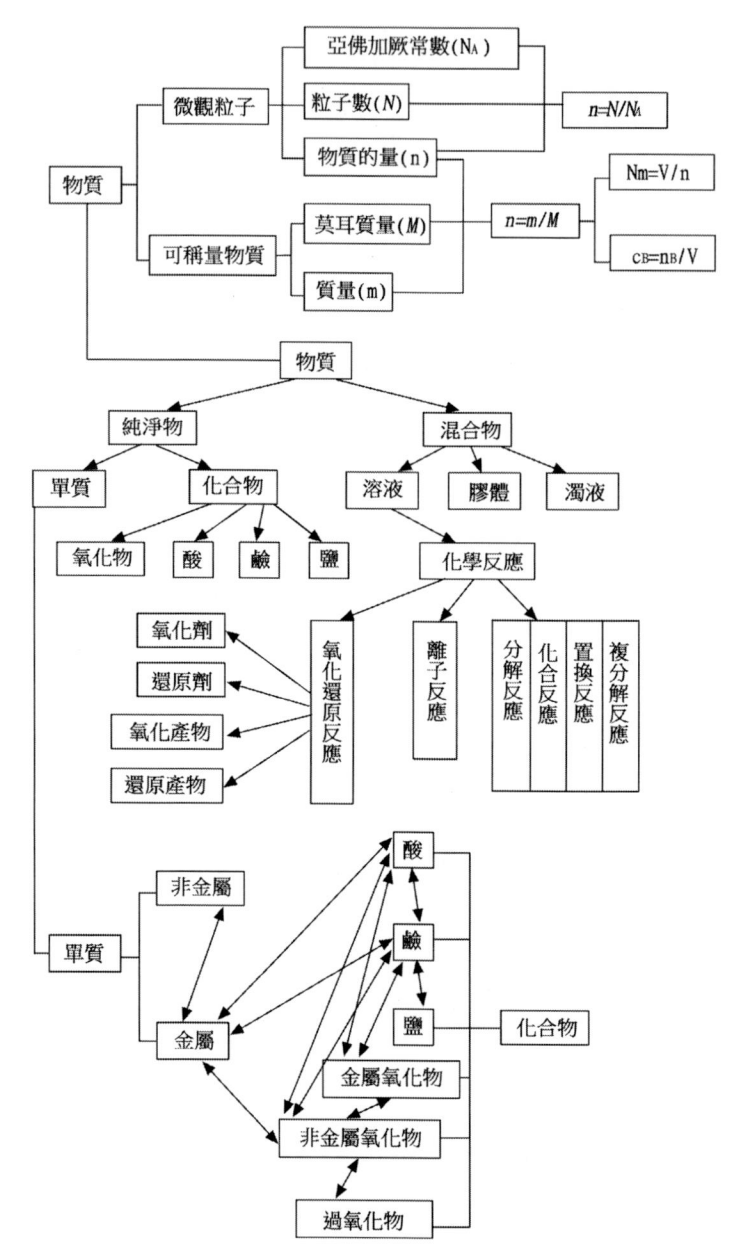

圖 3-3 《化學 1》知識體系的概念圖

第三、四章開始介紹具體的元素化合物知識，是中學化學的基礎知識，也是學生今後在工作和生活中經常要接觸、需要瞭解和應用的基本知識。這些知識既可以為前面的實驗和理論知識補充感性認識的材料，又可以為《化

學 2》介紹的物質結構、元素週期律、化學反應與能量等理論知識打下重要的基礎，還可以幫助學生逐步掌握學習化學的一些基本方法，能使學生真正認識化學在促進社會發展、改善人類的生活條件等方面所起到的重要作用。

圖 3-3 是對《化學 1》相關概念和知識點設計的概念圖。

【案例】用概念圖策略分析人教版化學教材 (必修 2) 的概念體系。

第一章以鹼金屬元素和鹵素元素為代表，介紹同主族元素性質的相似性和遞變性，以第三週期元素為代表介紹元素週期律。將元素性質、物質結構、元素週期表等內容結合起來，歸納總結有關的化學基本理論。在國中化學的基礎上，通過離子鍵和共價鍵的形成，以及離子化合物和共價化合物的比較，使學生認識化學鍵的含義。通過學習這部分內容，可以使學生對所學元素、化合物等知識進行綜合、歸納，從理論上進一步理解。同時，作為理論指導，也為學生繼續學習化學打下基礎。

第二章關於化學能與熱能、電能的相互轉化，重點討論化學能向熱能或電能的轉化，以及化學能直接轉化為電能的裝置———化學電池，主要考慮其應用的廣泛性和學習的階段性。通過原電池和傳統乾電池 (鋅錳電池)，初步認識化學電池的化學原理和結構；通過介紹新型電池 (如鋰離子電池、燃料電池等)，體現化學電池的改進與創新，初步形成科學技術的發展觀。關於化學反應速率及其影響因素，是通過實例和實驗使學生形成初步認識的，不涉及對反應速率定量計算或不同物質間反應速率的相互換算。本章在選材上盡量將化學原料與實驗、實例相結合，對化學概念或術語 (如化學能、化學電池、催化劑、反應限度等) 採用直接使用或敘述含義以降低學習的難度。

第三章沒有完全考慮有機化學本身的內在邏輯體系，主要是選取典型代表物，介紹其基本的結構、主要性質以及在生產、生活中的應用，較少涉及有機物的概念和它們的性質 (如烯烴、芳香烴、醇類、羧酸等)。為了學習同系物和同分異構體的概念，只簡單介紹了烷烴的結構特點，沒有涉及烷烴的系統命名等。第四章緊緊圍繞金屬礦物、海水和化石燃料等人類重要自然資源的綜合利用中的基本化學原理和基礎知識，如氧化還原反應原理及其應用，金屬活動性順序，典型非金屬元素———鹵素及其化合物之間的化學轉化，分離混合物的基本操作 ———蒸餾、分餾，具有典型結構的有機物 ———乙

烯的聚合反應等。作為高中必修模組的結尾，不僅對於學生總結復習很重要，而且對於學生進一步學習後續的選修模組乃至選擇自己未來的升學和就業方向都可能會產生一定的影響。

圖 3-4 是對《化學 2》相關概念和知識點設計的概念圖。

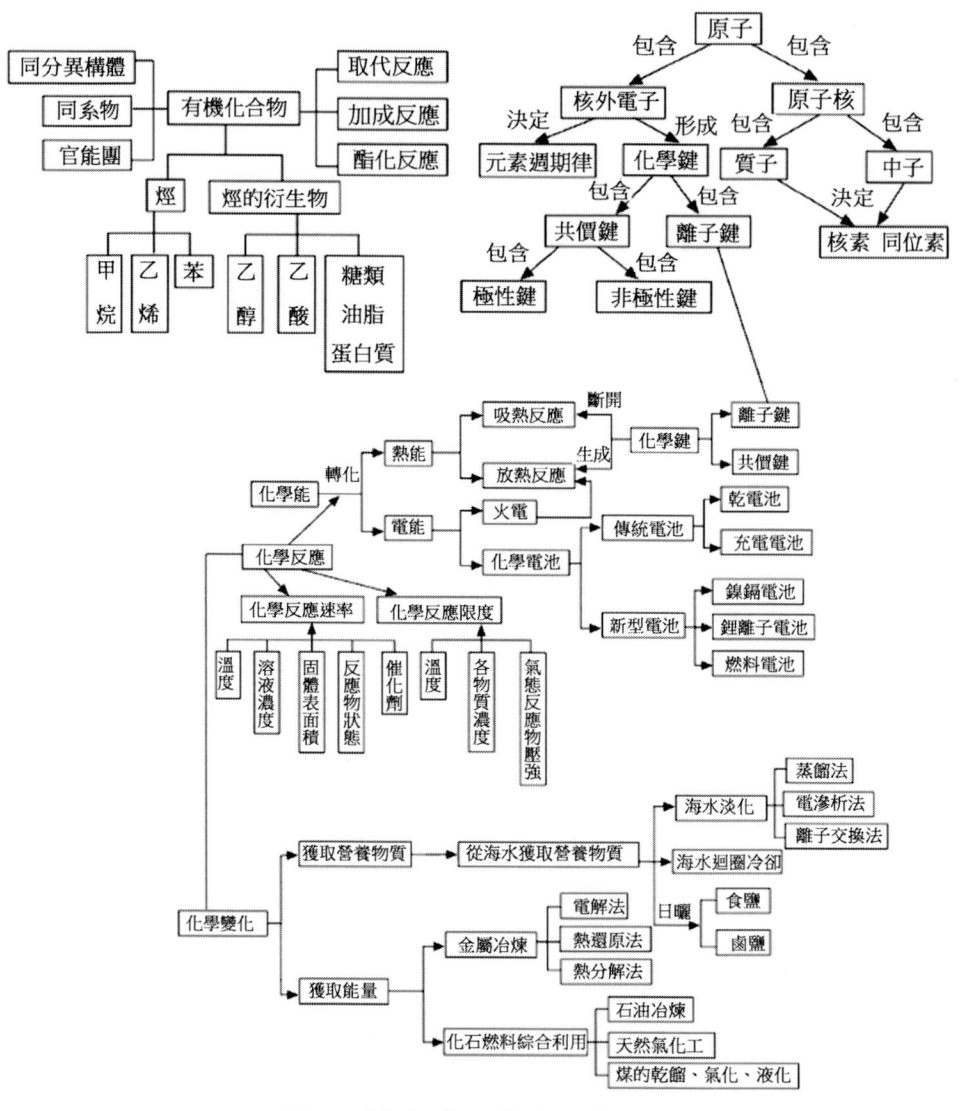

圖 3-4 《化學 2》知識體系的概念圖

4. 單元目標與學習類別的確定

各單元的學習內容確定以後，要為每一單元編寫相應的單元目標。在單元目標里要說明學生完成本單元學習以後應能做什麼。由於單元目標體現該單元總的教學意圖，所以在表述上較概括、扼要。一個單元的目標可以是一條，也可以包括兩條或更多。在單元目標表達的基礎上，我們需判斷各單元學習內容的基本類別。教學目標應具有明確性和可操作性，在其內容上應包括：學生掌握知識方面的認知目標，培養學生的能力目標，發展學生的情感目標。

例如，在課程標準中，高中《化學1》主題3中「常見無機物及其應用」的單元目標是：①能根據物質的組成和性質對物質進行分類。②知道膠體是一種常見的分散系。③根據生產、生活中的應用實例或通過實驗探究，瞭解鈉、鋁、鐵、銅等金屬及其重要化合物的主要性質，能列舉合金材料的重要應用。④知道酸、鹼、鹽在溶液中能發生電離，通過實驗事實認識離子反應及其發生的條件，瞭解常見離子的檢驗方法。⑤根據實驗事實瞭解氧化還原反應的本質是電子的轉移，舉例說明生產、生活中常見的氧化還原反應。⑥通過實驗瞭解氯、氮、硫、矽等非金屬及其重要化合物的主要性質，認識其在生產中的應用和對生態環境的影響。

5. 學習內容選擇與組織的初步評價

在各單元目標確定以後，為保證所選擇的學習內容與學習需要相符合，教學設計者應重視對學習內容的選擇和組織進行評價。在教學設計的初期，可從下列幾個方面評價學習內容的選擇與組織：①所選擇的學習內容是否為實現教學目標所必需，還需補充什麼？哪些內容與目標無關，應該刪除？②各單元的順序排列與化學學科邏輯結構的關係如何？在這種關係的處理上體現了什麼樣的學習理論或教學理論？③各單元的排列順序是否符合學生的心理發展？④各單元的排列順序是否符合教學的實際情況？⑤學生已掌握了哪些內容？教學從哪裡開始？

高中化學新課程在知識體系構建方面的特點，要求教師在教學中必須要樹立整體意識，準確理解和把握不同課程模組內容之間的聯繫和發展，根據不同課程模組的目標要求和內容特點，考慮學生的認識基礎，循序漸進地引領學生不斷豐富和完善知識體系，促進其認知結構的形成。由於受傳統教學

觀念的影響，許多教師習慣於知識「一步到位」的教學方式，特別是剛開始實施高中新課程，由於對整體的課程內容理解和把握不透，加上對考試範圍的擔心，這種做法尤為常見。實踐證明不顧學生實際的「一步到位」的教學方式不僅不利於學生深入理解和掌握化學知識，而且由於知識難點的集中和知識深度的增加，往往挫傷了學生學習化學的積極性。所以，在高中化學新課程的教學中，教師不僅要重視學生知識體系的構建，更要依據學生的認知發展水平和知識體系構建的層次性和漸進性，按照不同模組課程標準的要求，準確把握教學內容的深度、廣度，切實以學生的發展為本，分層次、循序漸進地構建系統的知識體系，促進學生科學素養全面發展。

二、學習內容分析的一般步驟

學習內容總是具有一定的層次結構。教師在進行學習內容分析時，也是針對這幾個層次的學習內容進行分析的。一般都可以採用以下步驟進行分析。

(1) 選擇與組織單元。為實現一門課程總的教學目標，學生必須學習哪些內容(即必須完成哪些學習任務)？對這個問題的考慮，首先要從單元層次開始。單元作為一門課程內容的劃分單位，一般包括一項相對完整的學習任務。在這些單元學習任務中，哪些應先學，哪些應後學？這涉及對各單元的順序安排。通過選擇與組織單元，可確定課程內容的基本框架。需要教師對教學目標進行深入分析，找出學生學習新知識所必須具備的知識技能，並對它們的關係進行辨別、排序，最後製成概念圖。在教學活動之前將制得的概念圖展示給學生，不僅讓學生進一步鞏固這方面知識，也能在一定程度上激發學生的學習興趣。

例如「電解質與物質結構關係」的學習任務分析，如圖 3-5 所示。

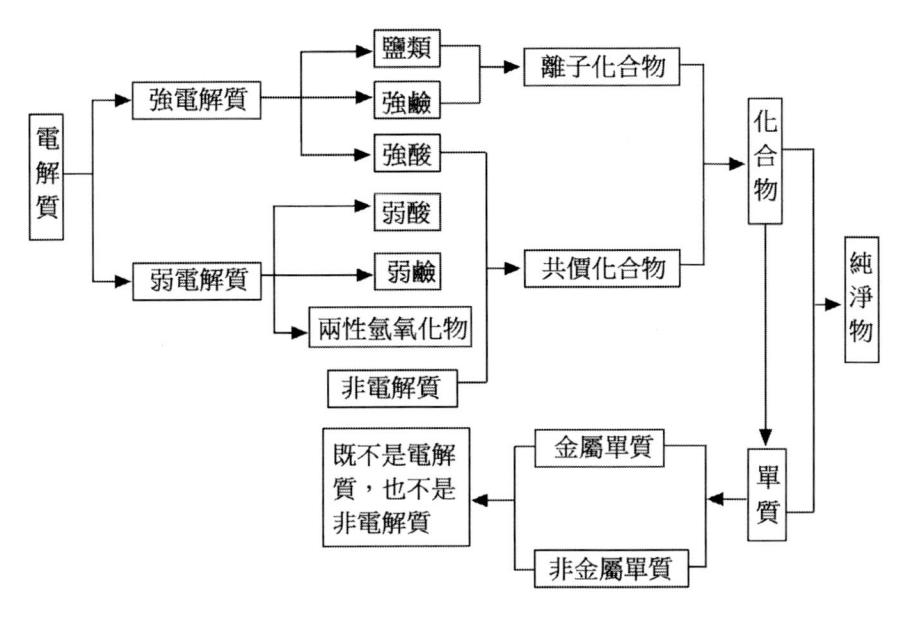

圖 3-5 電解質與物質結構關係的層級分析概念圖

【評析】「鹽類」「強酸」「強鹼」「弱酸」「弱鹼」是完成強弱電解質辨別任務的先決條件，而「化合物」「單質」的辨別又是完成電解質、非電解質辨別任務的先決條件。總之，概念圖廣泛應用於教師對學生的任務分析階段，是教師進行任務分析的有效工具。

教學設計是一個問題解決的過程，學習任務的分析則是問題解決過程的起點。因此，深入教學實際進行調查研究，瞭解教學中存在的問題和需要，才能為教學目標、教學策略、教學媒體、教學過程的設計，以及教學設計成果的評價奠定堅實的基礎。同時，學習任務的分析能夠使教學設計有效地利用教學資源，使教學設計具有較強的針對性和實用性。

(2) 確定單元目標。單元目標是一個單元的教學過程結束時所要得到的結果，說明學生學完本單元的內容以後應能做什麼。確定了單元目標，課程目標就具體化了。

(3) 確定學習任務的類別。根據單元目標的表述，我們可以區別學習任務的性質，學習任務一般可分為認知、動作技能和態度(情感)三大類。美國教育心理學家加涅等將這項工作稱為任務分類。

(4) 評價內容。在對各單元的學習任務做進一步的內容分析之前，有必要論證所選出的學習內容的效度，看是否為實現課程目標所必需。

(5) 分析任務。分析任務是指要對各單元的學習任務逐項進行深入細緻的分析。如：為實現單元目標，學生必須學習哪些具體的知識與技能？這些知識與技能之間存在哪些聯繫？對不同類型的學習任務，需運用不同的任務分析方法。

(6) 進一步評價內容。這一步是對任務分析的結果———已確定的知識與技能及其相互的聯繫進行評價，刪除與實現單元目標無關的部分，補充所需要的內容。

三、化學學習內容分析的方法和步驟

分析學習內容是為了規定學習內容的範圍、深度及學習內容各部分的聯繫，回答「學什麼」的問題。基本方法有歸類分析法、圖解分析法、層級分析法、資訊加工分析法、使用卡片的方法和解釋結構模型法等。

1. 歸類分析法

歸類分析法主要是研究對有關資訊進行分類的方法，旨在鑒別為實現教學目標所需學習的知識點。

2. 圖解分析法

圖解分析法是一種用直觀形式揭示教學內容要素及其相互聯繫的內容分析方法，用於對認知教學內容的分析。圖解分析的結果是一種簡明扼要、提綱挈領地從內容和邏輯上高度概括教學內容的一套圖表或符號。教學活動是一種有目的、有計劃的特殊認識活動，為達到教學活動的預期目的，減少教學中的盲目性和隨意性，就需要對教學過程進行科學的設計。根據教學內容的結構、特點，概念圖可以應用於教學目標設計、學前背景分析、教學策略設計、教學評價設計各個環節，成為教師教學設計的有效工具。

3. 層級分析法

層級分析法是用來揭示教學目標所要求掌握的從屬技能的一種內容分析方法。

這是一個逆向分析的過程,即從已確定的教學目標開始考慮,要求學生獲得教學目標規定的能力,他們必須具有哪些次一級的從屬能力?而要培養這些次一級的從屬能力,又需具備哪些再次一級的從屬能力?……可見,在層級分析中,各層次的知識點具有不同的難度等級———越是在底層的知識點,難度等級越低(越容易),越是在上層的知識點難度越大,而在歸類分析中則無此差別。

層級分析的原則雖較簡單,但具體做起來卻不容易。它要求參加教學設計的教師要熟悉教學內容,瞭解學生的原有能力基礎,並具備較豐富的心理學知識。

4. 資訊加工分析法

資訊加工分析法由加涅提出,是將教學目標要求的心理操作過程揭示出來的一種內容分析方法,這種心理操作過程及其所涉及的能力構成教學內容。在許多學習內容中,完成任務的操作步驟不是按「1 → 2 → 3 →…→ n」的線性程序進行的。當某一步驟結束後,需根據出現的結果判斷下一步怎麼做。在這種情況下,就要使用流程圖表現該操作過程。流程圖除直觀地表現出整個操作過程及各步驟以外,還表現出其中一系列決策點及可供選擇的不同行動路線。資訊加工分析法不僅能將內隱的心理操作過程顯示出來,也適用於描述或記錄外顯的動作技能的操作過程。

5. 使用卡片的方法

教學內容分析的工作細緻複雜,常有必要對分析結果進行修改、補充或刪除一些內容。因此,需掌握一種計劃技巧,較有效的計劃技巧是使用卡片。具體方法是:將教學目標和各項內容要點分別寫在各張卡片上,對它們的關係進行安排,經討論修改後,再轉抄到紙上。使用卡片的主要特點是靈活,便於修改及調整各項內容之間的關係;另一特點是形象直觀,便於討論時交流思想。

6. 解釋結構模型法 (ISM 分析法)

解釋結構模型法 (Interpretative Structural Modeling Method,簡稱 ISM 分析法) 是用於分析和揭示複雜關係結構的有效方法,它可將系統中各要素之間的複雜、零亂關係分解成清晰的多級遞階的結構形式。這種分析方法包括

三個操作步驟：第一，抽取知識元素———確定教學子目標；第二，確定各個子目標之間的直接關係，做出目標矩陣；第三，利用目標矩陣求出教學目標，形成關係圖。

教學設計的一切活動都是為了學生的學，教學目標是否實現，要在學生自己的認知和發展的學習活動中體現出來，而作為學習活動主體的學生在學習過程中又都是以自己的特點來進行學習的。所以教學設計的產品是否與學生的特點相匹配，是教學系計成功與否的關鍵之一。

四、化學學習內容分析應注意的問題

1. 重視化學基本觀念的形成

化學基本觀念是學生通過化學學習在頭腦中留存的，在考查周圍的化學問題時所具有的基本的概括性認識。中學生化學基本觀念的形成具有階段性、層次性和漸進性的特點，它需要兩個方面的有機結合。一方面，從形成基本觀念所需要的素材來看，必須有合適的、能有效形成化學基本觀念的核心概念以及能形成這些核心概念的具體化學知識；另一方面，從基本觀念的形成過程來看，必須充分調動學生思維的積極性，使學生在積極主動的探究活動中，深刻理解和掌握有關的化學知識和核心概念，不斷提高頭腦中知識的系統性和概括性水平，逐步形成對化學知識的概括性的認識。學生通過國中化學課程的學習已初步形成了元素觀、微粒觀、化學反應與能量、物質分類等基本化學觀念。在此基礎上，高中化學課程標準通過精心選擇有關的核心概念和具體知識，以及設計多種多樣的探究活動，引領學生進一步豐富和發展「物質的微粒性、化學反應與能量、物質結構與性質、化學反應限度」等化學基本觀念。

例如，有關物質微粒性認識的「微粒觀」是一種重要的化學基本觀念，它的形成對於學生認識物質的微觀構成、理解化學反應的實質、瞭解化學符號的意義以及解釋客觀的現象等具有重要意義。為幫助學生形成和發展微粒觀，高中化學課程標準不僅在《化學2》中設置了「物質結構基礎」內容主題，還在選修課程中設置了《物質結構與性質》課程模組。依據化學基本觀念形成的特點，考慮到中學生的知識基礎，課程標準中盡可能選擇那些最有利於

微粒觀形成的核心概念。在《化學2》「物質結構基礎」主題內容中只選擇了元素、核素、原子核外電子排布、元素週期律、化學鍵、離子鍵、共價鍵、有機化合物的成鍵特徵等核心概念，以幫助學生理解微粒運動的特點，初步形成「微粒間存在相互作用」的認識。

在《物質結構與性質》模組中，課程標準以微粒之間不同的作用力為線索，確定了「原子結構與物質的性質」「化學鍵與物質的性質」「分子間作用力與物質的性質」等內容主題，進一步加深學生對微粒間相互作用的理解，從而形成對物質微粒性認識的基本觀念。

同時，在課程標準中還設計了一些有利於學生理解核心概念、促進化學基本觀念形成的探究活動。例如，交流討論離子化合物和共價化合物的區別，討論或實驗探究鹼金屬、鹵族元素的性質遞變規律，運用模型研究P_4，P_2O_5，P_4O_{10}等，共價分子的結構及相互聯繫，並預測它們的性質等。可以說，這些探究活動為學生形成物質微粒性認識的基本觀念提供了有力保障。

重視學生化學基本觀念的形成，是化學新課程內容選擇的重要轉變。學生能牢固地、準確地、哪怕只是定性地建立起基本的化學觀念，應當是中學化學教學的第一目標。新課程強調：學生化學基本觀念的形成不可能是空中樓閣，也不可能通過大量記憶化學知識自發形成，它需要學生在積極主動的探究活動中，深刻理解和掌握有關的化學知識和核心概念，在對知識的理解、應用中不斷概括提煉而形成。在化學學習中，背誦或記憶某些具體的化學事實性知識，當然是有價值的，但是更重要的價值在於它們是形成化學觀念或某些基本觀念的載體。

2. 注重在社會背景中學習化學知識

化學作為一門中心科學，在促進社會可持續發展方面發揮著巨大作用。當今人類社會所面臨的許多重大問題，如資源、能源、材料、環境、衛生、健康等都與化學科學的發展密切相關。因此，通過高中化學課程的學習，使學生正確認識化學科學的社會價值，理解科學、技術與社會的相互聯繫，樹立可持續發展的思想，就具有非常重要的作用。高中化學新課程重視化學、技術與社會的相互聯繫，強調課程內容要貼近生活，貼近社會，從學生已有的生活經驗和將要經歷的社會生活實際出發，關注學生面臨的與化學相關的

社會問題，引導學生在社會背景中學習化學，將化學知識的學習融入有關的社會現象和解決具體的社會問題之中，鼓勵學生積極參與社會實踐活動，對社會問題做出自己的思考和決策，從而增強學生的社會責任感和使命感。

高中化學課程標準在內容選擇上主要從兩個方面引導學生在社會背景中學習化學知識。一是以與人類社會發展密切相關的化學知識或社會熱點問題作為課程內容的主題或模組，集中呈現化學與社會生活相聯繫的課程內容。這種設置有利於學生更全面、深入地認識化學在人類社會發展中的積極作用，培養學生應用所學化學知識對社會生活中的問題做出判斷和解釋的能力。

例如，在《化學2》中專門設置了「化學與可持續發展」內容主題，在選修課程中設置了《化學與生活》與《化學與技術》2個模組。其中「化學與可持續發展」主題將重要的有機化合物知識從社會可持續發展的視角進行組織呈現，《化學與生活》模組主要以學生的生活經驗為基礎，力求使課程內容能夠貼近學生、貼近生活，基本涵蓋了「化學與健康」「生活中的材料」「化學與環境保護」等社會熱點問題，使學生切實感受到化學對人類生活的影響，形成正確的價值觀。《化學與技術》模組的內容則以化學知識為基礎，介紹化學在自然資源開發利用、材料製造和工農業生產中的應用，使學生能運用所學知識對與化學有關的一系列技術問題做出合理的分析，強化應用意識和實踐能力。另外，對於一些無法單列主題或模組的與社會生活緊密聯繫的化學知識，課程標準則採取了穿插滲透的方式，分散在其他課程模組與內容主題之中。例如，在《化學2》「化學反應與能量」內容主題中，要求學生「通過生產、生活中的實例瞭解化學能與熱能的相互轉化」「通過實驗認識化學反應的速率和化學反應的限度，瞭解控制反應條件在生產和科學研究中的作用」等。

在社會背景中學習化學知識，為學生學習化學提供了一種更全面的解釋方法，使化學教育擺脫了對化學的單一、理性的解釋，而且這些社會背景也為學生創設了一個參與討論、實驗、親身經歷活動的機會，只有通過參與具有社會背景的活動，學生才能真正感受到化學知識的廣泛應用，體會到化學理論的物質力量和化學科學技術的價值，才能使學生通過學習去適應現代社會生活，並能對與化學有關的社會問題進行思考和決策。同時，只有將化學

知識的學習融入有關的社會現象和解決具體社會問題之中，才能真正激發起學生的社會責任感和使命感，提高他們學習化學的積極性和主動性，促進其科學素養的發展。

3. 將科學探究作為重要的課程內容

科學探究是科學家探索科學問題、發現科學規律的基本活動，也是人們認識科學現象，獲得並理解科學知識的重要途徑。當代科學觀認為，科學不僅僅是反映客觀事實和規律的知識體系，也是對大自然不斷前進和自我校正的探究過程，所有的科學知識都是科學探究的結果。傳統化學課程內容的選擇更多地關注了知識結論，而忽視了獲得結論的過程與方法，它割裂了「抽象的書本知識與人的發現問題、解決問題、形成知識過程的豐富、複雜的聯繫」。「認識什麼」和「怎樣認識」是科學過程的兩個方面，忽略了科學的「過程與方法」，一方面不可能達到對科學本質的認識，另一方面也濾掉了過程與方法對學生發展的教育價值。以提高學生科學素養為宗旨的化學新課程改革將科學探究作為重要的課程內容，把科學過程和方法作為學習的對象，有力地促進了學生學習方式的轉變，使學生獲得化學知識技能的過程成為理解化學、進行科學探究和形成科學價值觀的過程，充分發揮科學探究對於學生科學素養發展的不可替代的作用。

化學新課程中的科學探究，是學生積極主動地獲取化學知識、認識和解決化學問題的重要實踐活動。它涉及提出問題、猜想與假設、制訂計劃、進行實驗、收集證據、解釋與討論、反思與評價、表達與交流等要素。《全日制義務教育化學課程標準(實驗稿)》在內容標準中單獨設立主題，從「增進對科學探究的理解」「發展科學探究能力」和「學習基本的實驗技能」三個方面對科學探究提出了具體的學習內容和目標。高中化學新課程沒有將「科學探究」單獨設立主題，而是在義務教育化學課程要求的基礎上，根據不同模組課程的特點，在相關主題里設置了科學探究的內容。例如在《化學1》「認識化學科學」「化學實驗基礎」等主題中都對科學探究提出了具體的要求。另外，在所有課程模組的內容標準中，都列有「活動與探究建議」，這些探究活動本身也是化學課程內容的有機組成部分。實驗是學生學習化學、實現科學探究的重要途徑，為進一步體驗實驗探究的基本過程，高中化學新課程

還在選修模組中設置了《實驗化學》課程模組，引導學生通過實驗探究活動，掌握基本的實驗探究方法，提高科學探究能力。

思考題

　　1. 有教師認為：「在進行教學內容分析時，我通常是根據課程標準和考試大綱來確定教學重點和難點的。我認為這樣更科學、更準確。」你同意嗎？你有補充嗎？請說明你的理由。

　　2. 如果教師在教學設計過程中能夠多角度、全方位地分析學生，並且將分析的結果運用到教學中，那麼教師就能減少教學中的「無效勞動」，提高教學實效。

　　在化學教學設計中，必須注重對教學對象———學生的分析，你能舉例說明學生分析的意義嗎？

實踐探索

　　選擇人教版國中化學九年級上冊第三單元的第二個課題「分子與原子」，結合所學知識，試著進行學習需要分析、學習內容分析和學生分析，以文字形式表述出來。你可以與其他同學進行討論，看看他們是怎樣分析的，然後進一步完善你的分析報告吧！

拓展延伸

　　當前，很多化學教師在進行教學設計時僅僅參考課程標準和考試說明，而忽視學生的具體情況，這樣會帶來哪些弊端？請結合自己的成長經歷和教學體驗進行思考和論述。

第四章 化學教學目標設計

本章導學

　　本章主要介紹教學目標的概念、意義、目標分類理論、教學目標設計的原則和步驟及教學目標的編寫方法。第一節重點介紹教學目標的概念及功能，屬於理解性內容；第二節介紹了教學目標分類理論，在學習布魯姆和加涅分類理論的基礎上，重點分析化學新課程教學目標的維度和層次。第三節和第四節則結合具體案例介紹了化學教學目標的編寫步驟與方法。第五節重點介紹如何進行教學任務的分析。

學習目標

　　1. 說出化學教學目標設計的原則。

　　2. 知道教學目標分類體系和表達方法，結合不同的教學內容選擇不同的表述方法。

　　3. 歸納總結確立化學教學目標的步驟，概述分析教學目標和表達教學目標的方法。

　　4. 能根據給定的教學內容確立符合新課程標準的教學目標，知道在設計過程中應該注意的問題，並嘗試進行反思和改進。

　　5. 能根據給定的教學內容判斷學習結果的類型，並根據學生的起點能力確定教學目標。

第一節　化學教學目標概述

一、化學教學目標的概念及意義

1. 化學教學目標的概念及意義

化學教學目標是預期學生通過化學教學活動獲得的學習結果，是化學新課程目標在化學教學中的具體化。在化學教學設計中，化學教學目標的設計居於化學教學設計的基礎地位。化學教學目標的設計，從方向、任務和內容上決定了化學教學過程中教師的教學策略和學生的學習策略，對化學教學活動具有導向、調控、激勵、評價等功能。

2. 教學目標的功能

教學目標是教學活動的出發點和最終歸宿，它具有以下幾個功能：①教學設計可以提供分析教材和設計教學活動的依據。教師一方面根據課程目標確定課時教學目標，另一方面又根據這些教學目標設計教學活動和實施教學。具體明確的教學目標可以幫助教師迅速理清教學思路，建立一種特定的思維方式來思考問題，以及如何才能達到教學目標，從而引導教師設計合適的教學活動順序，選擇合適的教學媒體、教學方法、教學手段、教學資料等。②教學目標描述具體的行為表現，能為教學評價提供科學依據。課程標準提出的教學目的與任務過於抽象，教師無法把握客觀、具體的評價標準，使教學評價的隨意性很大。用全面、具體和可測量的教學目標作為編制測驗題的依據，可以保證測驗的效度、信度及試題的難度和區分度，使教學評價有科學的依據。教師只有根據教學目標編寫測試題來測量和評價教學效果，才能體現教學的意義。③教學目標可以激發學生的學習動機。要激發學生的認識內驅力、自我提高內驅力和附屬內驅力，必須讓學生瞭解預期的學習成果，他們才能明確成就的性質，進行目標清晰的成就活動，對自己的行為結果做成就歸因，並最終取得認知、自我提高和獲得贊許的喜悅。④教學目標可以幫助教師評鑒和修正教學的過程。對教師來說，教學

目標描述了完成教學活動以後學生的應有行為表現，這為教師教學活動的測量和評價提供了科學的依據。根據控制論原理，教學過程必須依靠反饋進行自我控制。有了明確的教學目標，教師就可以以此為標準，在教學過程

中充分運用提問、討論、交談、測驗和評改作業等各種反饋的方法。

二、與化學教學目標密切相關的概念

　　教學目的和教學目標是一般和特殊的關係，同時前者具有穩定性，後者具有靈活性。教學目標是一個完整教案的重要組成部分。從「教學目的」到「教學目標」，不僅是一字之差，而是對教學的本質的理解發生了變化，對教學行為的指導發生了變化。「教學目的」更多的是從教師角度考慮通過教師的「教」所要達到的目的，相對忽略了學生學習的個性特徵，對不同的學生而言，教師所要達到的目的是一致的，達成方向是單向的，達成手段是單一的。「教學目標」就要求教師改變審視問題的角度，更多地從學生「學」的角度來考慮，展示的是學生學習結果的期望。對不同的學生依據學生的基礎和發展可能設計不同的目標，達到的方向是雙向的，達成的手段是多樣的。

三、化學教學目標設計的價值取向

　　所謂價值取向，是人們價值思維和價值選擇的方向性。化學教學目標的價值取向也就是在制訂化學教學目標時對化學的價值思維和價值選擇的方向性。

　　化學教學目標是一切化學教學活動的出發點，又是歸宿，同時也是化學教學目標的價值得以實現的可能，化學教學目標的價值取向分為：社會本位和學生本位。社會本位要求教學以社會為價值主體，滿足社會需要，把學生培養成社會所需要的人。學生本位要求教學應滿足學生個體的需要，教學應以學生的興趣、需要為出發點，讓學生自由地、自然地發展。

▎第二節　化學教學目標分類理論

　　教學目標分類是指運用分類學的理論，把教學目標按照由簡單到複雜、從低級到高級的形式進行有序地排列組合，使之系列化。教學目標體系應該是一套具體可測的、行為操作化的、看得見、摸得著的目標，這對於實現教學的目的和進行課堂教學質量評價具有十分重要的意義。自 20 世紀 50 年代以來，人們對教學目標分類問題進行了系統、深入的研究，提出了幾種重要

的教學目標分類理論。

一、布魯姆等人的教育目標分類學

布魯姆等人受到行為主義和認知心理學的影響，將教育目標分為認知、情感和動作技能三個領域。每一個領域內，又細分為若干層次，這些層次具有階梯關係，即較高層次目標包含且源自較低層次目標，每一層次又規定了一般(具體)目標。

1. 認知領域教育目標

布魯姆等人把認知領域的教育目標，從低級到高級共分為識記、領會、運用、分析、綜合、評價六個層次。

2. 情感領域教育目標

依據價值內化的程度分為接受或注意、反應、價值評價、價值觀的組織、品格形成五級。

3. 動作技能領域教育目標

辛普森 (E.J.Simpson) 把動作技能領域的教育目標，分為知覺、準備、有指導的反應、機械動作、複雜的外顯反應、適應、創作七級。動作技能領域目標的各個層次，也均有各自的一般目標，這些目標可以用一些描述學習結果和行動的動詞加以表示。

二、加涅的學習結果分類理論

加涅被認為是認知心理學派的折中者，主要從事學習心理學的研究，他認為並非所有的學習均相近，從而把學習區分為不同層次，最早提出了八個層次，以代表不同種類的認知能力，為了能夠使學習層次的原則在教學上應用，加涅提出了五種學習結果，使教師能根據學習結果的表述設計最佳的學習條件。五種學習結果分別為「態度 (attitude)」「動作技能 (motor skills)」「言語資訊 (verbal information)」「智力技能 (intellectual skills)」和「認知策略 (cognitive strategies)」。

三、中國關於教學目標分類體系的探索

長期以來，中國教育界重視和突出「基礎知識和基本技能」，形成了「雙基」教育模式，從而形成了「雙基」教學目標體系。這一體系在 20 世紀 80 年代以來的教育教學改革中，受到各方面的批判，這種批判憑借揚棄性的精神和追求，催生出了「三基教學」，即基礎知識、基本技能和基本能力教學。後來，人們開始重視兒童健康個性的形成和發展。在教學研究中，引發了我們思考和研究中國教學目標的建構問題，進而提出了「三基一個性」的教學目標體系的構建設想，即將教學目標分為「基礎知識、基本技能、基本能力和健康個性」四個領域。

四、化學新課程教學目標的維度及層次

依據不同的標準，化學教學目標可以分成不同的類型或維度。從科學素養的基本結構出發，根據義務教育化學課程標準中的課程目標、內容標準及教科書內容特點，借鑒布魯姆等人的教育目標理論，我們可以把義務教育化學教學目標維度、層次水平及可供選擇的動詞歸納如下。

表 4-1 化學新課程教學目標類型及層次

目標維度		目標層次	可供選擇的動詞
知識與技能	化學知識	瞭解	知道、記住、說出、列舉、找到、寫出、辨認
		理解	能表示、區別、識別、認識、看懂
		應用	證明、說明、畫出、寫出、解釋、設計、計算、理解、判斷、選擇
	實驗技能	模仿	初步學習
		獨立操作	初步學會
過程與方法		感受	注意、感知、覺察、關注、留心、體驗、認識、體會
		領悟	初步形成、樹立、保持、發展、增強
		簡單應用	設計、計劃、提出、運用
情感態度與價值觀		經歷	關注、注意、感知、覺察、體驗
		反應	意識、體會、認識、遵守
		領悟	初步形成、樹立、保持、發展、增強

第三節　化學教學目標設計的原則和步驟

一、化學教學目標設計的操作程序

弄清楚了化學教學目標的維度及陳述方法，我們就可以對具體化學教學內容的教學目標進行設計了。所謂化學教學目標設計，是指根據化學教學目標內容和相應的目標層次，以化學教材中的「課題」或者「節」(內容標準的二級主題)為單位，將化學課程目標具體化。

(1) 以化學課程「內容標準」「活動與探究建議」為依據，結合化學教材具體的教學內容特點，分析教材中「知識與技能」「過程與方法」「情感態度與價值觀」三個目標維度中的化學教學目標內容，並按其內在聯繫排序。

(2) 根據化學教學目標內容特點、教學階段性及學生特點，分析化學教學應達到的目標層次。

(3) 用簡明、通俗的語言陳述教學目標要求。

案例 4-1：「課題 1 空氣」的化學教學目標設計

知識與技能：

(1) 說出空氣的主要成分，知道空氣是混合物。
(2) 認識空氣對人類生活的重要作用，並能舉例說明。
(3) 通過動手實驗，初步學習基本的化學實驗操作技能。

過程與方法：

(1) 通過實驗探究空氣中的氧氣的體積分數，體驗科學探究的基本過程，嘗試根據實驗現象提出有意義的問題。
(2) 感受對實驗現象進行分析、判斷、推理，進而得出結論的過程。

情感態度與價值觀：

(1) 通過對空氣組成的學習，轉變原有的關於空氣的認識。
(2) 通過實驗探究空氣中的氧氣的體積分數和科學家們探求空氣奧妙的科學史，增進學習化學的興趣，體會勤於思考、嚴謹求實和勇於實踐的科學精神。

(3) 認識到實驗在科學探究中的重要作用。

(4) 學習從化學角度初步認識和理解人與空氣的關係，意識到空氣是人類生存的寶貴資源。

二、化學教學目標設計的基本原則

在設計化學教學目標時，我們應注意以下幾個原則。

(1) 平衡性原則。所謂平衡性有三層含義。①化學教學目標的結構要合理，既要有反映具有質與量規定性的、可觀測的行為的結果性目標，又不忽視表現內部心理過程的定性目標；②目標的內容要全面，既要有化學知識與技能目標，又要重視探究過程與方法、情感態度與價值觀方面的目標，要充分發揮目標的整體效應；③教學目標的多少應符合學習規律，即教學目標既要有主次區分，突出重點，又要考慮多樣性的教學目標的交替運用。

(2) 彈性原則。彈性原則是指教學目標的設計要靈活變通、區別對待。由於教學目標是教師預期的學生學習結果，帶有一定的主觀性。因此，在實際的化學教學過程中，如發現有預料之外的變化，應及時更正或修改既定的目標，而不應把它視為神聖不可改變的東西。另外，化學教學目標的底線是要求全體學生必須達到的最基本目標，對於不能達標者，要採取補救措施，幫助他們達標。而對學有餘力的學生，還應專門為他們制訂拓寬的目標，促進其個性特長得到發展。

(3) 可行性原則。這是指所制訂的化學教學目標要切實可行，在「規定的時間內能夠實現」。例如，「培養實驗探究能力」「學會實驗條件控制方法」這樣的化學教學目標陳述就顯得籠統，不可能通過某一課時的教學來實現，而是整個化學教學才能實現的課程目標。如果改為「體驗應用實驗條件控制方法進行化學實驗探究的過程」「認識實驗條件控制方法在化學實驗探究過程中的重要作用」，這樣的教學目標陳述就比較好落實。

(4) 相關性原則。這是指要處理好化學教學目標與化學課程目標，教材單元的化學教學目標與教材章的化學教學目標、教材節的化學教學目標之間的關係。化學教學目標是化學課程目標的具體化，所以制訂的化學教學目標應充分體現化學課程目標的要求，二者應具有一致性。單元化學教學目標、章

化學教學目標、節化學教學目標在內容上應該依次更加具體化、可操作化，教學目標的水平層次應該體現階段性和發展性。

第四節　化學教學目標的編寫

一、化學教學目標的編寫方法

有了教學目標，我們還必須把它描述出來。準確、清晰地陳述化學教學目標，既有利於教師的化學教學設計，又有利於指導學生的化學探究學習，也有利於化學教學評價。

借鑒西方教育心理學家馬傑 (R.E. Mager)、格倫蘭 (N.E. Gronlund)、艾思納 (E.W. Eisner) 等學者提出的三種不同的教學目標陳述理論和技術，我們可以構建新的化學教學目標陳述模式。一個規範的教學目標應包含以下四個基本要素。

主體：指教學對象，即學生。學生是化學教學的主體，教學目標陳述主體應該是學生，而不是教師。因為教學目標應當表述為學生的學習目標和結果。按照這一要求，化學教學目標陳述可表達為「初步學習」「能解釋」「能設計」「能體驗到」等。而不宜使用「使學生瞭解」「培養學生的科學態度」「激發學生的實驗興趣」等句式，因為這樣陳述的主體不是學生，而是教師。

行為：指通過學習以後，學生能做什麼，或者有什麼心理感受或體驗。一般用動賓短語較準確地描述學生的行為。動詞表明學習的要求，賓語說明學習的內容。可以用那些能夠外觀和測量的行為動詞 (如說出、列舉、識別、判斷、認出、寫出、區別、解釋、選擇、計算、設計等) 或者用難以觀測的表示內在意識和心理狀態的動詞 (如：感知、關注、感受、覺察、領會、體驗等) 來進行陳述。行為的表述，關鍵是選擇準確、恰當的動詞，因為它代表了對學生學習行為的要求。

條件：指影響學生產生學習結果的特定限制或範圍，主要說明學生在何種情境下完成指定的學習目標。條件的陳述包括以下因素：環境因素 (如空間、地點等)；人的因素 (是個人獨立完成、小組集體完成，還是在教師指導下完成等)；設備因素 (所要用到的工具、設備、器材等)；資訊因素 (所要

用到的圖表、資料、書籍、數據、網路等）；明確性因素（需要提供什麼刺激／條件來引起行為的產生）。

案例 4-2：化學教學目標陳述的比較

(1) 通過對鎂條的觀察和簡單實驗，體驗化學實驗在研究物質性質上的作用。

(2) 能在教師指導下或通過小組討論，根據所要探究的問題設計簡單的化學實驗方案。

(3) 通過溶液的導電性實驗，瞭解化合物可以分為電解質和非電解質。

案例評析：

上述 (1)(2) 中條件表述清楚明確，但 (3) 中條件表述不明確，因為與電解質、非電解質概念有關的實驗還應有熔融狀態下的導電實驗，只有溶液導電性實驗這一條件是不能建立上述概念的。

標準：又叫「行為程度」，是指學生對目標達到的最低表現水平，用以評定、測量學生學習結果的達成度。

案例 4-3：化學教學目標陳述的比較

(1) 全體學生能夠正確應用化學式表示某些常見物質的組成。

(2)90% 以上學生能設計出兩種以上鑒別鐵粉、鋁粉和石墨粉的實驗方案。

案例評析：

標準是學生學習結果的行為可接受的最低衡量依據，對行為標準的陳述，應使它具有可檢測性。

上述兩例均清楚地表述了學生學習應達到的程度。

一般來說，化學知識與技能領域的學習目標要求結果化，因此教師應明確學生的學習結果是什麼，採用明確、可觀察、可測量、可評價的行為動詞來進行陳述，如「記住……的實驗現象」。而對於「過程與方法」「情感態度與價值觀」目標，由於其無須結果化或難以結果化，我們通常使用體驗性、過程性的動詞與少數行為動詞結合來描述學生自己的心理感受，體驗或安排

學生表現的機會，如「認識到合作與交流在實驗探究活動中的重要作用」。化學教學目標陳述的動詞使用特點見表 4-2。

表 4-2 化學教學目標陳述的動詞使用特點

目標分類	動詞使用特點
知識與技能	明確、可觀察、可測量、可評價的行為動詞
過程與方法	大多數難以測量，少數行為動詞與體驗性的內在心理動詞相結合
情感態度與價值觀	難以測量，體驗性的內在心理動詞

案例 4-4：化學教學目標的陳述

下面示例中各字母的含義：A———主體；B———動詞；C———條件；D———程度。

(1) 學生完成實驗後，能寫出規範的實驗報告。
　　A　　C　　　　　B　D

(2) 學生能正確書寫簡單的化學反應方程式。
　　A　　D　B

(3) 認識到科學探究可以通過實驗、觀察等多種手段獲取事實和證據。
　　B　　　　　　　　　C

(4) 知道原子是由原子核和核外電子構成的。
　　B

案例評析：化學教學目標的陳述應盡可能明確清晰，關鍵是動詞的選用要準確。(1)(2) 是規範的化學實驗教學目標陳述例子，但在實際的教學目標陳述中，不一定都要將 4 個要素全部表示出來，可以視其教學內容靈活處理，如 (3)(4) 所示。

二、中學化學教學目標編寫案例與分析

1. 教學目標的檢視方法

在教學目標設計完成之後，可將其與如下基本要求進行對照，從而檢視教學目標的質量。

(1) 教學目標是否盡可能地做到了以「最終行為」來呈現？

(2) 教學目標中陳述的行為是否是學生行為而非教師行為？

(3) 每一項教學目標是否只陳述了一項學習結果？

(4) 教學目標中所使用的動詞是否達到了最大可能的外顯化？教學目標是否為明顯的具體行為目標？

(5) 教學目標中的行為水平是否明晰？

(6) 教學目標體系中是否考慮到了學生的知識與技能、過程與方法、情感態度與價值觀這三個基本維度？

2. 制訂化學教學目標存在的問題與矯正方法

(1) 隨意性。

在化學教學中，不少教師只憑經驗和考試的要求進行教學，認為講完規定的教材內容就達成了教學目標。有些教師備課時只是抄教參或上網下載，教學目標只是用來應付學校檢查的。這會導致教學目標虛化，教學隨意性大。

問題診斷：對教學目標的功能缺乏認識。

矯正方法：正確認識教學目標的功能。

布魯姆指出，有效的學習始於準確地知道達到的目標是什麼。由此可見，把握教學目標是實現有效教學的前提與關鍵，教學目標是教學的靈魂，它支配著教學的全過程，並規定著教與學的方向。教學目標的功能可以概括為指導學生的學習、指導教師的教學以及指導學習結果的評價，可簡化為導學、導教和導評。有時某一單元抽象概念較多，掌握概念基本含義及概念間聯繫是教學的重點，也是學生學習的難點。把知識目標用概念圖表示，有助於教師將教學目標清晰化，減少隨意性，教師可以在備課過程中對教學目標中的相關概念製作概念圖。

案例 4-5「化學計量在實驗中的應用」的教學目標陳述（知識目標）

(1) 瞭解物質的量及亞佛加厥常數的含義，知道莫耳是物質的量的基本單位。

(2) 初步學會物質的量、物質的微粒數之間的轉化關係。

(3) 瞭解物質的量、莫耳質量和物質的質量之間的關係。

(4) 理解和掌握氣體莫耳體積的概念及計算。

(5) 理解物質的量濃度的基本含義，掌握物質的量濃度的簡單計算和溶液稀釋時的相關計算。

圖 4-1 即是對上述目標的知識點製作的概念圖。

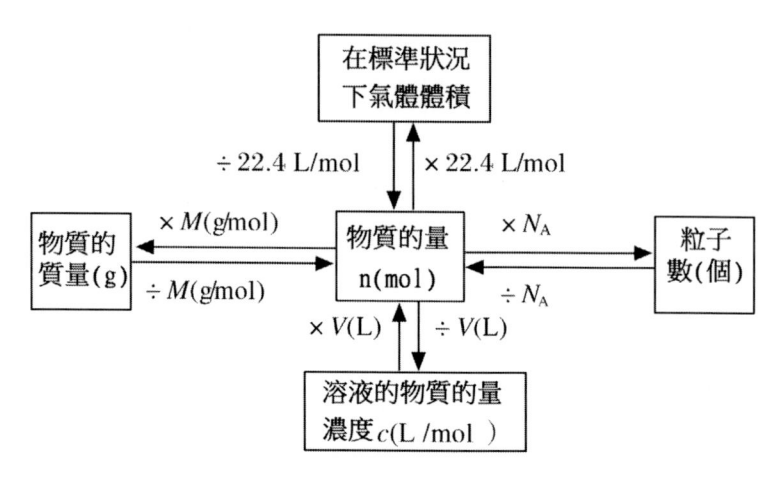

圖 4-1 物質的量概念圖

【評析】這一單元抽象概念較多，掌握概念基本含義及概念間聯繫是教學的重點和難點。用概念圖表示知識目標，有助於教師將目標清晰化，因此教師可以在備課過程中對教學目標中的相關概念製作概念圖，也可以在學生預習階段引導學生對某些教學目標自制概念圖。

(2) 陳述模糊。

制訂化學教學目標時詞語表述不清。清晰的教學目標應陳述學生在完成學習之後會發生的變化，而在實際制訂教學目標時，這部分錯誤出現得最多。

問題診斷：主要有行為動詞選擇不當、行為對象錯誤等。

矯正方法：加強目標分類理論的學習。

案例 4-6：燃燒與滅火

知識與技能目標：通過活動與探究，讓學生知道燃燒的條件，引導學生歸納滅火的條件，教會學生設計對比實驗的方法。

問題診斷：「讓學生」「引導學生」「教會學生」，誰來「讓學生」，

當然是教師；誰來「引導學生」，當然還是教師；誰來「教會學生」，當然又是教師。教師變成行為主體，把教師置於主體地位、中心地位，而把學生置於被動地位、邊緣地位。

矯正建議：通過燃燒條件的探究活動，學生(主體可省略)能說出燃燒的條件；通過燃燒條件的學習，學生(主體可省略)能歸納出滅火原理和方法。

案例 4-7：二氧化碳制取的研究

知識與技能目標：瞭解實驗室制取 CO_2 的反應原理、制取裝置、收集方法和驗證方法。

問題診斷：「瞭解」表述不具體，難以評價。將「瞭解」改成「能說出並能用化學方程式表示」實驗室制取 CO_2 的反應原理，將實驗室制取 CO_2 的反應裝置、收集方法和驗證方法的技能目標改為「初步學會」，這樣比較具體，也可評價了。

矯正建議：

①能說出並能用化學方程式表示實驗室制取 CO2 的反應原理(知識)。

②初步學會實驗室制取 CO_2 的反應裝置、收集方法和驗證方法(技能)。

案例 4-8：離子反應

知識與技能目標：認識離子反應，理解離子方程式發生的條件。

問題診斷：「認識」「理解」表述不具體，難以測量。

矯正建議：會判斷離子反應，能用離子方程式表示簡單的離子反應。

案例 4-9：溶質質量分數

知識與技能目標：懂得溶質質量分數可以表示溶液組成，掌握溶質質量分數計算。

問題診斷：「懂得」表述不具體，難以測量。「掌握」對新授課的計算要求太高。

矯正建議：認識溶質質量分數是可以表示溶液組成的一種方法，能進行溶質質量分數的簡單計算(因為新授課強調簡單計算)。

有些教師在陳述教學目標時喜歡使用「瞭解、理解」等動詞，化學課程

標準中雖然將「瞭解、理解」等動詞也列入可供選擇的教學目標行為動詞中，但我們無法得知學生的學習到什麼程度才算是「理解或瞭解」。「理解」等動詞可以用於闡述總體課程目標，因為總體課程目標需要有一定的概括性，而課時教學目標可將「理解」等動詞再具體到可評價的行為動詞。

案例 4-10：元素週期表

知識與技能目標：能根據所給條件確定元素在週期表中的位置。

問題診斷：「所給條件」沒具體指明是在什麼條件下，就無法評價。

矯正建議：能根據元素的原子序數 (1~18)，確定元素在週期表中的位置。

案例 4-11：溶解度問題

知識與技能目標：會查閱物質的溶解性或溶解度，會繪製溶解度曲線。

問題診斷：缺少特定條件或範圍，查閱物質的溶解性或溶解度、繪製溶解度曲線一定要給出條件，否則無法完成此項學習任務。

矯正建議：會利用溶解性表或溶解度曲線，查閱有關物質的溶解性或溶解度，依據給定的數據繪製溶解度曲線。

案例 4-12：認識幾種化學反應（復習課）

知識與技能目標：會書寫化學反應方程式。

問題診斷：缺少特定條件或範圍。

矯正建議：根據所給資訊或常見物質的化學反應實例 (學習條件)，學生 (行為主體) 能用化學方程式表示 (行為動詞) 變化過程。

案例 4-13：化合價與化學式

知識與技能目標：會寫化學式和求化合價。

問題診斷：沒有行為條件，也沒有學習水平的描述。

矯正建議：通過化合價與化學式學習 (行為條件)，學生 (行為主體) 能根據化學式求 (行為動詞) 元素的化合價，能根據化合價正確 (表現程度) 書寫 (行為動詞) 化學式。

案例 4-14：復分解反應

規範的化學教學目標陳述：通過復分解反應條件的學習（行為條件），學生（行為主體）能正確（表現程度）判斷（行為動詞）酸、鹼、鹽之間能否發生復分解反應。

(3) 目標制訂單一。

設計化學教學目標時，只重視知識與技能目標制訂，忽視了情感態度與價值觀目標，或對三維目標模糊不清，沒有分類陳述。

問題診斷：對化學課程三維目標理解不到位。

矯正方法：學習化學課程目標內容。

新課程知識與技能、過程與方法、情感態度與價值觀三維目標的貫徹與落實，能充分反映教師的價值取向。三維目標可以概括為：要學習什麼內容（知識與技能），怎麼才能學會這些內容（過程與方法），帶著什麼樣的心情學會這些內容（情感態度與價值觀）。在化學教學中三維目標之間的關係為：知識與技能是載體，過程與方法、情感態度與價值觀的形成要以知識與技能的掌握為依託和中介，這三者密切聯繫，相互支撐，形成有機整體，對提高學生全面的科學素養具有重要作用。

案例 4-15：二氧化碳制取的研究

教學目標：

①能說出並能用化學方程式表示實驗室制取 CO_2 的反應原理。

②初步學會實驗室制取 CO_2 的反應裝置、收集方法和驗證方法。

③初步形成實驗室制取氣體的一般思路和方法。

問題診斷：三維目標模糊不清，沒有分類陳述，且過程與方法和情感態度與價值觀游離於知識與技能目標之外，游離於教學內容和任務之外。

矯正建議：知識與技能目標：學生要獲得 CO_2 制取的知識與技能（載體），要經歷實驗室制取二氧化碳的研究與實踐。通過對 CO_2 和 O_2 的性質、發生和收集裝置的比較研究以及制取二氧化碳的實踐，形成實驗室制取氣體的一般思路和方法。

過程與方法目標：通過實驗室制取二氧化碳的研究（比較法）與實踐（實驗法），初步形成實驗室制取氣體的一般思路和方法。

情感態度與價值觀目標：在實驗室制取 CO_2 的研究與實踐過程中，培養學生相互合作、勤於思考、嚴謹求實、勇於創新和實踐的科學精神。

案例 4-16：溶液的形成

知識與技能目標：通過對氯化鈉、硝酸鈉、氫氧化鈉三種物質在水中溶解時溫度變化的探究，感受到物質在溶解過程中常常伴隨有吸熱或放熱現象。

問題診斷：「通過……探究」「感受」是過程性目標的要求，此目標的表述屬於過程與方法目標的表述，混淆了三維目標的分類。矯正建議：通過氯化鈉、硝酸鈉、氫氧化鈉三種物質在水中溶解時溫度變化的探究，認識物質在溶解過程中常常伴隨有吸熱或放熱現象。

(4) 課程目標和教學目標區分不清。

對化學課程目標和教學目標區分不清。在制訂某一節課的教學目標時，不夠具體、明確，往往把化學課程目標的內容定為某一節課的教學目標。

問題診斷：化學課程目標與教學目標的關係不清。

矯正方法：認識化學課程目標與教學目標間的關係。課程目標與教學目標既有區別也有聯繫。化學課程目標是指化學教育目標，是預先確定的要求學生通過化學課程的學習所應達到的學習結果。教學目標是教師教與學生學的目標，是單元目標、課時目標甚至每個教學環節、教學活動應達到的具體目標。化學教學目標的制訂不能以具體內容標準來代替相應的化學課時教學目標，而應依據課程目標、具體內容標準、教材內容和學生實際來制訂化學教學目標。

案例 4-17：分子和原子

課標要求：認識物質的微粒性，知道分子、原子等都是構成物質的微粒。

知識與技能目標：認識物質的微粒性，知道分子、原子等都是構成物質的微粒。

問題診斷：直接用課標內容代替教學目標，缺乏可以測量與觀察的行為動詞。

矯正建議：從身邊的現象和簡單的實驗入手，認識分子的真實存在，從用掃描隧道

顯微鏡獲得的苯分子圖像、以及矽原子構成的文字說明等認識物質的微粒性，知道分子、原子等都是構成物質的微粒。

三、制訂有效教學目標策略

(1) 深入研究課標。國家課程標準是課程改革的綱領性文件，它具有法定性、核心性、指導性的地位和作用，也是新課程實施過程中教師教和學生學的直接依據。可以說，教師對課程標準的領悟程度，將直接決定著新課程課堂教學的質量和學生學的效果。

(2) 深入研究教材。新教材本身就是按三維目標設計的，除了知識點，也考慮了科學方法、情感因素，需要教師去仔細體會，充分挖掘。新教材在內容安排上具有較大的彈性，教師在使用時必須要進行加工處理，只有這樣，才能更好地理解和把握教材，準確地制訂好教學目標，發揮好教材應有的作用。

(3) 深入研究學生。主要從三個方面入手：首先是要充分考慮學生在知識技能方面的準備情況和思維特點，掌握學生的認知水平，以便確定雙基目標；其次是要充分考慮學生在情感態度方面的適應性，瞭解學生的生活經驗；再次是要充分考慮學生的學習差異、個性特點和達標差距，以便按照課程標準確定教學目標要求及出發點，為不同狀態和水平的學生提供適合他們最佳發展的教學條件。

(4) 反思評價策略設計。教學活動完成時，反思和自我評價也是關鍵的一環。反思的內容應該是：概念和原理的關鍵特徵是什麼？分析解決這些特徵的問題是什麼？問題之間的邏輯關係如何？在解決問題的過程中所用的化學方法和化學思想有哪些？其中最巧妙的解決方法是什麼？自我評價的內容應從以下幾方面分析：對探究活動的各環節是否有效地進行了自我監控？是否促進了自己科學思維和探究能力的提高？對概念、原理是否有了新的、更深入的理解？反思是對學習內容的再次昇華，對自我認知結構的再次優化，自我評價強化了對探究活動的自我監控，提高了自主學習的能力等。

第五節　化學教學任務分析

任務分析是教學設計中的重要環節，是促進教學設計科學化的一門重要技術。任務分析的目的是揭示教學目標規定的學習結果的類型及其構成成分和層次關係，並據此確定促使這些學習結果習得的教學條件，從而為學習順序的安排和教學情境的創設提供心理學依據。

一、化學教學任務分析的步驟

任務分析理論是近 20 年來隨著對各種學習類型及其有效學習條件的深入研究而發展起來的，它主要包括以下幾個步驟。

1. 分析學習結果的類型

認知心理學家加涅將學生的學習結果分為言語資訊、智慧技能、認知策略、動作技能和態度五種類型。其中智慧技能又分為辨別、概念、規則、高級規則四個由低到高的層次。在加涅的學習結果分類中蘊含著一個重要觀點，即學習具有層次性。這種層次性最明顯地體現在智慧技能的學習中，高一級的學習以低一級的學習為基礎，低一級的學習是高一級學習的先決條件。

根據化學學科的特點，結合加涅的學習結果分類，我們可以把化學知識的學習結果分為五種類型：事實性知識、理論性知識、策略性知識、技能性知識和情意類內容。其中，事實性知識是指與物質的性質密切相關的反映物質的存在、製法、存儲、用途、檢驗和反應等多方面的知識；理論性知識是指與化學理論密切相關的概念、原理、規律等內容；策略性知識是指與學生控制自己學習過程相關的各種方法，即學會如何學好化學的知識；技能性知識是指運用習得的知識和經驗，通過反覆練習而形成的順利完成某種任務的活動方式，主要包括實驗操作技能、化學計算技能和化學表達技能；情意類內容是指對學生情感、意志、品格和行為規範產生影響的一類教學內容。

不同類型知識的學習，要求有不同的學習條件。我們把影響化學學習的條件分為學生自身的內部條件和外部條件。內部條件又分為必要條件和支持性條件。必要條件是不可缺少的學習條件，支持性條件一般是有助於學習的條件。化學理論性知識的學習具有明顯的層次性，低一級理論性知識是高一級理論性知識學習的必要條件。假定我們的教學目標是化學原理的學習，教

師在進行任務分析時必須鑒別構成該原理的基本概念，這些基本概念就是原理學習的必要條件。只有掌握了這些基本的概念，才能進一步掌握由基本概念構成的化學原理。而一些有助於理論性知識學習的策略性知識和事實性知識則是理論性知識學習的支持性條件。化學策略性知識學習的必要條件是某些基本的心理能力，如記憶策略需要有心理表象的能力，解決化學問題時需要有把問題分解的分析能力。化學事實性知識學習的必要條件是學生必須具有一套有組織有意義的化學語言資訊（化學用語），其支持性條件是有關的理論性知識和某些策略性知識（如觀察、實驗、記憶等）。表 4-3 概括了三種類型的化學知識認知學習的必要條件和支持性條件。

表 4-3 三種類型的化學知識認知學習的必要條件和支持性條件

化學知識分類	必要條件	支持性條件
事實性知識	一套有組織有意義的化學語言資訊	情感性知識 策略性知識 理論性知識
理論性知識	較簡單的理論性知識	情感性知識 策略性知識 事實性知識
策略性知識	某些基本心理能力和認知發展水平	情感性知識 策略性知識 事實性知識

　　在進行任務分析時，教師首先需要將教學目標中陳述的學生的學習結果歸到五分類中，然後分析不同類型化學知識學習的內部、外部條件。教學就是依據預期的不同學習結果來創設或安排適當的學習條件，幫助學生有效地進行學習，使預期的學習結果得以實現。

　　2. 確定學生的起點能力

　　起點能力，是指學生在學習新知識技能之前原有的知識技能水平。例如「理解物質的量濃度的概念，記住其數學表達式 c=n/v，並能運用表達式進行物質的量濃度的計算」，這一教學目標所規定的是一定的教學活動完成之後學生應習得的終點能力。這一終點能力的達成，需要以下先決知識技能：①知道溶液的概念和性質；②知道物質的量的概念，能正確計算有關物質的物質的量。這兩種知識技能構成了學生「正確進行物質的量濃度計算」之前

的起點能力。起點能力是學生習得新能力的必要條件，它在很大程度上決定教學的成效。許多研究表明，起點能力比智力對新的學習起的作用更大。教師可以通過診斷測驗、平時作業批改和提問等方式確定學生的起點能力，並採取相應的措施，確保學生具備接受新知識所必需的起點能力。

　　同時，在分析學生的起點能力時，教師還必須對學生的學習心向(動機、態度)、認知風格等進行分析，以確定教學的出發點。所謂認知風格，也稱認知方式，指個體偏愛的資訊加工方式，表現在個體對外界資訊的感知、注意、思考、記憶和解決問題的方式上。不同認知風格的人對於資訊加工和處理的方式有差異，主要表現在場獨立與場依存型、衝動型與沈思型等方面。認知方式上的差異不同於智力上的差異，它沒有優劣之分，但影響學習的方式。另有研究表明，學生對科學資訊進行思考或反應的認知風格，即科學認知偏好分為事實或記憶、原理原則、發問質疑和應用四種類型。事實或記憶型科學認知偏好者，喜歡記憶科學資訊，並將科學資訊以原樣儲存於記憶之中；原理原則型偏好者喜歡從習得的科學資訊中歸納出原理原則或尋找資訊之間的相互關係；發問質疑型偏好者喜歡對科學資訊做批判思考、質疑或評價，以深入探討有關的科學知識；應用型偏好者喜歡以科學資訊的應用性來評價或判斷其價值，對應用科學知識解決生活中的問題最感興趣。研究結果顯示，具備發問質疑型或原理原則型科學認知偏好的學生，其科學學業成就顯著優於記憶型或應用型的學生。而且具備發問質疑型與原理原則型科學認知偏好的學生在技能、創造力、科學態度、科學興趣、好奇心等方面均優於記憶型的學生。學生的科學認知偏好表現會因教師的教學風格及教學策略、教學目標、學習內容的類型等因素而有所差異，它可以通過教學來加以培養，因此瞭解學生的認知風格對於教學設計具有重要的意義。

3. 使能目標及其關係

　　在從起點能力到終點能力之間，學生還有許多知識技能尚未掌握，掌握這些知識技能又是達到終點目標的前提條件。從起點能力到終點能力之間的這些知識技能被稱為使能目標。從起點能力到終點能力之間所需要學習的知識技能越多，則使能目標也越多。例如：物質的量濃度的教學，從起點能力到終點能力之間的使能目標如圖 4-2 所示。

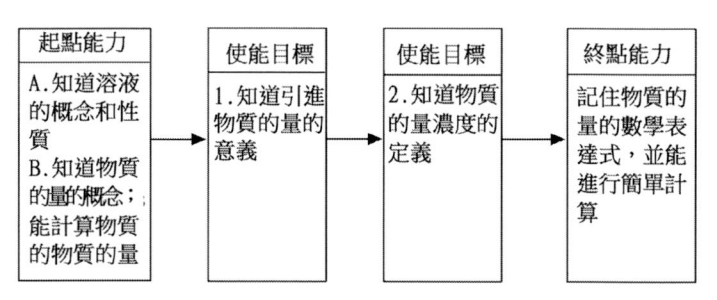

```
起點能力              使能目標         使能目標         終點能力
A.知道溶液    →    1.知道引進   →   2.知道物質   →   記住物質的
的概念和性          物質的量的        的量濃度的        量的數學表
質                 意義              定義              達式，並能
B.知道物質                                            進行簡單計
的量的概念；                                          算
能計算物質
的物質的量
```

圖 4-2 物質的量濃度教學的使能目標

一旦分析清楚了起點能力、使能目標和終點能力的先後順序，教學步驟的確定就有了科學的依據。學生的起點能力、使能目標和終點能力之間所存在的關係，也直接影響教學步驟和教學方法的選擇。認知心理學家奧蘇貝爾認為學習的實質是新知識與學生認知結構中原有的知識通過相互作用，建立非人為和實質性的聯繫。新舊知識的相互作用，就是新舊意義的同化，其結果是新知識獲得意義，原有認知結構發生重組。因此，在新知識的學習中，認知結構中的原有知識起決定作用。新知識與學生認知結構中原有的知識可構成三種關係。

(1) 原有知識是上位的，新學習的知識是原有知識的下位知識。當認知結構中原有知識在包容程度和概括水平上高於新學習的知識時，新知識對原有知識構成下位關係，這時新知識的學習稱為下位學習。例如，學生已經具有了烴的概念，學習芳香烴的概念就構成下位學習，如圖 4-3 所示。

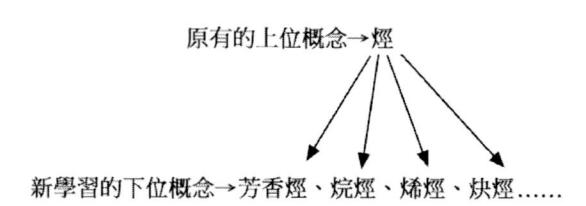

```
原有的上位概念→烴
                  ↙ ↓ ↓ ↘
新學習的下位概念→芳香烴、烷烴、烯烴、炔烴……
```

圖 4-3 原有知識對新知識構成上位關係

(2) 原有知識是下位的，新學習的知識是原有知識的上位知識。當新知識在包容與概括程度上高於原有知識時，這時新知識的學習屬於上位學習。例如，學生已經具有了鐵、硫、碳、磷等跟氧氣反應的知識，在此基礎上學習化合反應的概念便產生上位學習，如圖 4-4 所示。

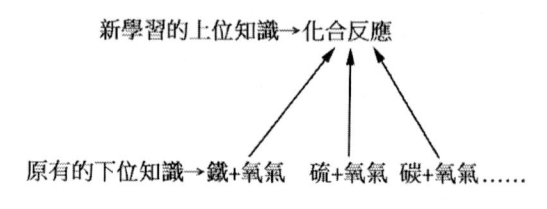

```
        新學習的上位知識→化合反應
              ↑    ↑    ↑
   原有的下位知識→鐵+氧氣  硫+氧氣  碳+氧氣……
```

圖 4-4 原有知識對新知識構成下位關係

(3) 原有知識和新學習的知識是並列的，構成並列結合的關係。有時新知識與認知結構中原有的知識既不產生上位關係，也不產生下位關係，新知識可能與原有知識有某種吻合關係或者類比關係，這時新知識的學習為並列結合學習。例如，學生已經具有了酸的通性的知識，再學習鹼的通性時，由於二者之間具有某些相似性，新知識也可以被原有知識同化。

上位學習、下位學習和並列結合學習三者的內部、外部學習條件不同，新、舊知識相互作用的過程和結果也不同，在進行任務分析時，必須弄清楚新、舊知識之間的關係，從而選擇最優的學習模式。

二、中學化學教學任務分析的案例與分析

以高中化學「物質的量」一節為例，根據加涅的學習結果分類理論，按照教學任務分析的方法，進行如下任務分析。

1. 確定教學目標

教學目標是學生學習的預期的結果，它將課程標準所提出的理念和目標具體化，並為學習結果的測量與評價提供了依據。任務分析的實質是教學目標分析，通過分析教材和學生實際而確定教學目標是整個任務分析工作的起點。任務分析的其他各項工作也隨著教學目標的明確而展開。

案例 4-18「物質的量」一節的教學目標確定

(1) 知識與技能。

①初步理解物質的量 (n) 及其單位莫耳的含義，並瞭解提出此概念的重要性和必要性，懂得亞佛加厥常數 (N_A) 的含義。

②瞭解物質的量與微觀粒子數 (N) 之間的關係，即 $n = N/N_A$，並初步學會計算。③瞭解莫耳質量 (M) 的概念。

④瞭解物質的量與莫耳質量、物質的質量(m)之間的關係，即 n =m/M，並初步學會計算。

(2) 過程與方法。

①初步形成演繹推理、歸納推理和運用化學知識進行計算的能力。

②進一步增強抽象、聯想和想象思維能力。

(3) 情感態度與價值觀。

①認識到宏觀和微觀的相互轉化是研究化學的科學方法之一，形成尊重科學的思想。

②進一步形成嚴謹求實的科學精神，做到解題規範化，單位使用準確。

2. 學習結果類型分析

揭示教學目標所屬學習結果的類型，是確定學習條件、使能目標及其順序關係的基礎。根據加涅的學習結果分類理論，「物質的量」一節的學習結果類型屬於智慧技能———規則學習，即學會有關物質的量的計算。

3. 學習條件分析

任務分析主張學習有不同的類型，而不同類型的學習有不同的過程和條件。據上一步分析所得的學習結果類型，找准適合該類型學習的學習過程和條件，進而揭示學生起點狀態到終點學習目標之間所必須掌握的使能目標及其順序關係。加涅強調激發和引導學習的條件有外部條件和內部條件兩類。外部條件是獨立於學生之外存在的，即指學習的環境。內部條件指學生在開始某一任務時已有的知識和能力。學習結果分類理論所揭示的學習條件屬於內部條件。內部條件又分為必要條件和支持性條件。其中，必要條件是學生達到教學目標不可缺少的條件，支持性條件則是有助於學生達到學習目標的條件。

案例 4-19「物質的量」學習條件分析

(1) 必要條件。按加涅的智慧技能層次論，規則學習的必要先決條件是概念。此處構成規則學習的先決條件是物質的量的有關概念，即物質的量和單位莫耳、亞佛加厥常數、莫耳質量。

(2) 支持性條件。認知策略一是運用演繹推理、歸納推理的方法總結物質

的量與亞佛加厥常數、微粒數之間的關係，物質的量與物質的質量、莫耳質量之間的關係；二是認識宏觀與微觀的相互轉化是化學研究的科學方法之一。態度是要培養學生嚴謹求實的科學精神，要求解題規範，單位使用準確。

(3) 必要條件和支持性條件的區別。必要條件是構成新的學習結果的必要成分。物質的量及其單位莫耳、亞佛加厥常數和莫耳質量是學習兩個表達式的先決條件，學生在掌握相關概念的基礎上才能進行規則學習，因此它們是新的表達式中的必要成分、必要條件；而演繹推理、歸納推理的認知策略和嚴謹求實的科學態度在此前的學習中曾運用多次，在後續的學習中仍將重複使用。認知策略和態度使智慧技能的學習更為科學化，雖有助於新的學習，但不是新的學習結果中的必要構成成分，是支持性條件。

4. 起點能力分析

起點能力是指學生在學習新知識技能之前原有的知識技能水平。「物質的量」一節的學習目標是理解物質的量及其單位、亞佛加厥常數和莫耳質量的含義，牢記兩個數學表達式，並能運用其進行簡單快速的計算。達到終點目標，需要以下先決知識技能。①知道宏觀物質和物質的質量兩個概念；②掌握分子、原子、離子等微觀粒子的概念。這兩種知識技能構成了學生習得新知識技能之前的起點能力，在很大程度上決定了後續學習活動的效果。因此，在教學設計時，教師要安排一定的時間復習這部分知識，以確保學生具備接受新知識所必需的起點能力。在分析學生起點能力的同時，教師還必須對學生的認知方式、認知能力和性格差異等進行分析，以確定教學的出發點。以上任務分析結果見表 4-4。

表 4-4 物質的量教學任務分析

起點能力	使能目標一	使能目標二	終點能力
①知道宏觀物質和物質的量兩個概念。②掌握分子、原子、離子等微觀粒子的概念。	瞭解物質的量的意義。	掌握三個概念：物質的量、亞佛加厥常數和莫耳質量。	記住兩個數學表達式並能進行簡單計算。

思考題

1. 你認為為什麼必須設計教學目標？在整個教學過程中，它起著怎樣的作用？

2. 教學實踐中，該如何提煉出具體的教學目標呢？教學目標的設計需要符合哪些原則？

3. 進行三維目標的設計應從哪些方面著手？如何使教學目標具有可操作性，符合新課程的要求？

4. 作為新教師的你，可能在設計教學目標時常常會根據自己對教材的理解和參考教師用書或其他的參考書來制訂教學目標，這種方式合理嗎？

實踐探索

新課程要求我們的教學要促進學生的知識、技能、過程與方法、情感態度與價值觀的全面發展，可是我們的課時和條件又非常有限，想一想，你怎樣處理教學目標的全面性和時空的有限性之間的矛盾？

拓展延伸

在關於教學目標制訂的問題上，可謂眾說紛紜：有人說新課程改革提倡教學的開放性，不應該有什麼具體的目標；有人說課堂教學應該追求教學過程中的即時生成，不應該強調教學目標，而應該提倡非預設性教學；有人說要將新課程的「知識與技能、過程與方法、情感態度與價值觀」三維目標和每節課的教學內容一一對應；還有人認為沒有目標的教學雜亂無章，還是「目標教學」最好……你支持哪種觀點？為什麼？請結合教學實踐進行闡述。

第五章　針對不同類型知識內容的化學教與學過程設計

本章導學

　　本章主要介紹化學知識的分類及不同類型知識的教學過程設計。第一節重點介紹化學知識的定義及分類。第二節介紹了化學陳述性知識的概念、學習條件、學習過程及教學策略。第三節介紹化學程序性知識與陳述性知識的關係、化學程序性知識的分類、一般教學過程和教學策略。第四節結合具體案例重點介紹了化學問題解決的教學設計。

學習目標

　　1. 從不同的角度理解知識的含義，瞭解化學知識的分類。

　　2. 知道陳述性知識學習的條件、陳述性知識學習的一般過程，能結合化學學科的具體內容進行化學概念和化學原理等內容的教學設計，並根據具體情況靈活選擇、運用陳述性知識的教學策略。

　　3. 能釐清化學程序性知識與陳述性知識的關係，知道化學程序性知識的分類和化學程序性知識學習的一般過程。能根據具體內容和學生的特點，靈活運用化學程序性知識學習的教學策略，進行化學智力技能、化學動作技能及化學認知技能等方面的教學設計。

　　4. 知道什麼是化學問題解決，能靈活選擇並使用問題解決教學設計策略。

第一節　化學知識的定義及分類

一、知識的定義

　　知識是一個廣泛使用的詞，提到「知識」時，大多數人會聯想到學校和學業學習，如學生在化學課堂中學到的化學知識、物理課堂中學到的物理知識等。《教育大辭典》(顧明遠主編)將知識定義為：「對事物屬性與聯繫的認識。表現為對事物的知覺、表象、概念、法則等心理形式。」這是根據哲學認識論中的反映論給出的定義，強調知識是客觀世界的主觀反映。著名的認知心理學家皮亞傑從心理學的角度提出：「知識是主體和環境或思維與客體相互交換而導致的知覺建構，知識不是客體的副本，也不是由主體決定的先驗意識。」本章所指的知識特指化學學科知識。

二、化學知識的分類

　　化學知識通常包括六類：化學基本概念、基本理論、元素及化合物知識、化學計算、

　　有機化合物知識、化學實驗。這種知識分類的方法，是從知識結構的角度考慮的，因缺乏心理學依據，不利於教師設計和學生學習。研究者們依據認知心理學廣義知識分類的方法，將化學知識劃分為：化學陳述性知識、化學程序性知識和化學策略性知識。

　　1. 化學陳述性知識

　　化學陳述性知識是指「是什麼」的知識，即對內容的瞭解和意義的掌握(如概念、規律、原則等)的知識。它包括化學知識中的言語資訊、概念、規則等，如元素符號、質量守恆定律等。

　　(1) 言語資訊：有關名稱或符號的知識。如物質名稱、化學儀器、元素符號、化學術語、化學用語等。

　　(2) 定義性概念、具體概念、抽象概念：簡單命題或事實的知識。如基本概念，元素及化合物的性質、用途等。

　　(3) 原理、規則：有意義的命題組合知識。如物質結構、化學定律、溶液理論、化學平衡等理論知識。

2. 化學程序性知識

化學程序性知識是指「怎麼用」的知識，就是在遇到新的問題時有選擇地運用概念、規律、原則的知識，它與認知技能直接聯繫，即化學原理、規則等的運用。例如，質量守恆定律屬於陳述性知識，而應用此定律進行計算則是程序性知識。在本章第三節我們將具體講述。

3. 化學策略性知識

化學策略性知識是指「為什麼」的知識，即知道為何、何時、何地使用特定的概念、規律、原則。它是關於如何思考以及思維方法的知識，它與認知策略直接聯繫，所以一旦掌握，能自覺地、熟練地、靈活地運用，那麼它就轉化成了能力。

第二節　化學陳述性知識的教學設計

一、化學陳述性知識概述

陳述性知識是指個人具有的有關「世界是什麼的知識」，主要是指語言資訊方面的知識，用於回答「是什麼」的問題，如「氧化劑是什麼」「鐵的物理性質是什麼」等。根據加涅的理論，我們可以將化學陳述性知識的學習分成三種類型：符號表徵學習、概念學習和命題學習。

1. 符號表徵學習

符號表徵學習指學習單個符號或一組符號的意義，也就是說學習它們代表什麼。符號表徵學習的主要內容是詞彙學習，即學習這個詞表示什麼。符號表徵學習的心理機制是符號與其代表的事物或觀念在學生認知結構中建立相應的等值關係。例如，銅這類物質，在漢語中它的形符是「銅」，注音是「ㄊㄨㄥˊ」，化學用語中的符號為「Cu」。這三種形態是可以分離的，學生需要在特定的情境下識別它們。

2. 概念學習

概念學習實質上是掌握同類事物共同的關鍵特徵。例如學習「氧化物」這一概念，就是掌握氧化物是由負價氧和另外一種化學元素組成的二元化合

物這一關鍵特徵。如果「氧化物」這個符號對某個學生來說，已經具有這種一般意義，那麼它就成了一個概念，成了代表概念的名詞。同類事物的關鍵特徵可以由學生從大量同類事物的不同例證中獨立發現，這種獲得概念的方式叫概念形成；也可以用定義的方式直接向學生呈現，學生利用認知結構中原有的概念理解新概念，這種獲得概念的方式叫作概念同化。

3. 命題學習

命題可以分為兩類：一類是非概括性命題，指的是兩個或者兩個以上的特殊事物之間的關係；另一類命題是概括性命題，表示若干事物或性質之間的關係。不論非概括性命題還是概括性命題，它們都是由單詞聯合組成的句子表徵的，因此在命題學習中也包括了符號表徵的學習。命題學習在複雜程度上一般高於概念學習。

化學陳述性知識具有生動具體、形象直觀等特點，主要指元素化合物知識。它包括：①有關名稱或符號的知識，如物質名稱、化學儀器、元素符號、化學術語、化學用語等；②簡單命題或事實的知識，如基本概念、元素及化合物的性質、用途等；③有意義的命題組合知識，如物質結構、化學定律、溶液理論、化學平衡等理論知識。

二、陳述性知識學習的條件

我們用認知心理學的同化論來解釋陳述性知識學習的條件。同化論的核心是相互作用觀。它強調學生的積極主動精神即有意義學習的心向，強調潛在意義的新觀念必須在學生的認知結構中找到適當的同化點。新舊觀念相互作用的結果導致潛在意義的觀念轉變為實際的心理意義，與此同時，原有認知結構才會發生變化。

三、陳述性知識學習的一般過程

陳述性知識的學習過程分為激活啟動、獲得加工、鞏固遷移三個階段，每一個階段都為後續學習提供了基礎。

1. 激活啟動階段

符合學習認知規律的教學情境和教學情境的人文性加工等教學條件能夠

引發學生的認知衝突，為記憶搜索和提取提供線索，建立新知識與已有認知結構之間的聯繫，讓學生明確學習的責任與意義，激發學生的學習動機。

2. 知識的獲得加工階段

這個階段主要有以下三個方面的任務：一是從表面意義強調關鍵術語的羅列和用科學事實對知識進行科學的理解與界定；二是從深層意義上對陳述性知識進行抽象分析，讓學生進一步深入理解、重新定義和構建聯繫；三是從價值意義上讓學生瞭解所學陳述性知識的價值。

3. 知識鞏固遷移階段

讓學生在最初的學習中進行主動練習、精細性復述，在多元情境中充分復習並抽象地表徵知識等教學條件，能夠進一步鞏固、修改和完善學生形成的知識圖式，糾正理解中的錯誤，促進知識的長久保持。

四、促進化學陳述性知識教與學的策略

陳述性知識的學習過程分為激活啟動、獲得加工、鞏固遷移三個階段，在不同的階段可以採取不同的策略。

1. 激活啟動階段的教學策略

創設實際的問題情境，提示學生回憶原有知識，呈現經過精心安排和組織過的新知識，引導學生建立新知識與已有認知結構之間的聯繫，幫助學生形成認知衝突，激發學習動機，明確學習目標。案例教學法就是一種非常好的情境化導入教學方法，但是這個階段的案例最好以正例為主，幫助學生形成正確的概念。

2. 知識的獲得與加工階段的教學策略

教師對陳述性知識進行去情境化概括，即對知識進行深加工與編碼，只有進行了深加工與良好編碼的知識才易於提取、組織，才能形成學生良好的認知結構，便於新舊知識的同化。講述教學法、演示教學法、啟發式教學法和練習教學法有利於教師傳遞一些較為抽象、艱深的知識體系和概念，使學生在較短時間盡快掌握系統知識，提高學生的概括水平。學生掌握的基礎知識越多，越容易產生廣泛的遷移。

3.學習的保持、鞏固與遷移階段的教學策略

對於簡單的陳述性知識，指導學生復習與記憶策略的難點不在於理解而在於保持，可採用以下的策略進行鞏固：復述策略、精加工策略以及組織策略。對於複雜的陳述性知識，同樣可以採用以上三種策略，只是應用的目的和條件不同。例如，在使用復述策略時，不能僅是簡單重復，而是利用對學習材料深層次的意義理解、具體運用、特別標誌來進行強化，透過機械復述、精確復述和主動復述三個階段進行學習，並適當地運用「聯想方式學習」。

實際教學中要根據陳述性知識的特點與學生認知結構的關係及學生的認知水平選擇教學策略，但無論使用何種方式，都要鼓勵學生自己去發現、歸納，這樣有助於學生對知識的理解與記憶。還要鼓勵學生運用於實踐，以檢驗學生對知識的理解和掌握情況。

五、化學概念的學習過程

化學概念是化學知識的重要組成部分，是有關物質的組成、結構、性質、變化的本質屬性及其規律在人們頭腦中的能動反映，是反映物質在化學運動中的固有屬性的一種思維形式，是整個化學學科知識的基礎。化學概念的學習有觀察學習和語言接受學習兩種形式，綜合這兩種學習方式，化學概念的學習包括以下幾個階段。

(1) 感知材料，建立表象。學生有目的地觀察典型的化學事物、實例，聽老師講解或閱讀教材。

(2) 抽象本質，加工概念。對典型的化學事物、實例進行分析、綜合、抽象，提取其本質特徵，確定各特徵間的聯繫，或者對接受的語句進行分析，形成關於概念意義屬性的本質特徵。

(3) 熟悉內涵，初步形成概念。將找出的本質特徵類化，推廣到其他範圍，形成概念，得出定義，或者聯繫原有知識同化或理解給予的含義，使概念符號化。

(4) 聯繫整合，形成概念。

(5) 拓展思維，運用概念。運用化學概念對化學事實進行概括、推理、解釋。有計劃地進行解題練習和實驗操作設計等，使對概念的認識更加準確、

深化和豐富。

六、化學原理學習的主要形式及策略

在探索物質變化的過程中，人類積累了很多關於物質變化的規律性知識，即關於化學反應的基本原理，從而加深了對化學變化的認識。化學基本原理涵蓋了從宏觀到微觀、物質結構與微粒間關係的規律，化學反應過程機理及其控制的研究，是化學和其他學科領域在分子層面上研究物質變化的理論基礎，主要包括：化學變化的方向和限度、化學反應的速率和機理問題，以及物質結構與性質之間的關係。化學原理學習的思維方法如下。

1. 歸納法

歸納法是指從眾多的結果或結論中分析、概括而總結出化學原理的形式，分為實驗歸納和理論歸納。實驗歸納是指直接從觀察化學實驗結果中分析、概括而總結出化學原理的主要方法。理論歸納是指用已有的化學基本概念和原理經過歸納，推理得出更普遍的化學原理，如化學反應中的能量守恆、由三大氣體實驗定律得出理想氣體狀態方程。

2. 演繹法

演繹法是利用較一般的化學原理，經過演繹推理，推導出特殊的化學原理的思維方法，如學習有關理想氣體的定律，既可以利用歸納法，也可以利用演繹法。

3. 類比法

類比法是根據兩個對象在某些屬性上的相似性而推出它們在另一種屬性上也可能相似的一種推理形式。

化學原理學習的過程如下：

(1) 熟練思維方法。在化學原理的學習過程中，經常使用上述幾種思維方法，如果對這些思維方法不熟練，會嚴重影響學生的學習。因此，對這些思維方法的訓練指導是必需的。

(2) 建立事實依據。化學原理具有抽象性，對於抽象難懂的化學原理，在教學過程中需要以充分的感性材料為基礎。這種由感性到理性、由現象到本

質、由淺入深、由易到難的認識過程，才符合學生的認知規律。

(3) 理解原理本質。化學原理教學需要感性認識，但不能僅僅停留在感性認識上，否則會出現錯誤。如在「電子雲」的教學中，當問到「從氫原子電子雲圖上看，其原子核外有多少個電子？」時，有的學生答：「有幾百個甚至幾千個電子。」很明顯，學生對電子雲圖只停留在直觀感覺上，而沒有進行抽象思維加工。

(4) 理論聯繫實際。化學原理教學要與實際聯繫，首先要與元素化合物知識聯繫。應從化學原理出發，認識各種元素化合物的結構、性質、制取方法等。

第三節　化學程序性知識的教學設計

「程序性知識」最早出現在人工智能與認知心理學領域，是「怎麼用的知識」，如如何書寫化學方程式。現代認知心理學認為程序性知識相當於智慧技能和動作技能，它往往潛在於行動背後，難以用詞語表達，主要反映活動的具體過程和操作步驟，說明做什麼和怎麼做，是一種實踐性知識，也稱操作知識。

一、化學程序性知識與陳述性知識的關係

習題：2g 鎂條在空氣中完全燃燒，生成物的質量(　　)。

A. 大於 2g　　B. 等於 2g　　C. 小於 2g　　D. 不確定

分析：該習題是對質量守恆定律理解的考查。在初三化學學習中，我們已經掌握了質量守恆定律的概念，是陳述性知識。而上述習題是對該定律的簡單應用，即程序性知識。

從上例中我們可總結出程序性知識和陳述性知識的關係與區別。

第一，程序性知識的建立是以相應的陳述性知識為基礎的。陳述性知識是關於「是什麼」的知識，而程序性知識是關於「做什麼」的知識。要明白「做什麼」就得先知道「是什麼」。

第二，表現形式不同，更重要的是對環境的接近程度不同。陳述性知識

的命題網路比較靜態，與具體環境關聯性不大；而程序性知識的命題網路較為動態，產生時對具體環境的反應較快。

二、化學程序性知識的分類

從知識結構角度進行劃分，化學程序性知識主要包括以下幾類。

(1) 概念及簡單規則的運用：如識別物質的類別，配合物，有機物的命名、式量，莫耳質量的計算等。

(2) 運用原理和規則進行計算和判斷：如有關莫耳、化學平衡的計算，物質鑒別、實驗設計等。

(3) 根據有關原理、規則進行實驗操作：如氣體的制備、物質的提純、有機物的合成等。

陳述性知識是傳統意義上的，即狹義上的知識，而程序性知識即技能。在資訊加工心理學中，知識與技能密切相關。程序性知識作為技能，按照加涅的學習結果分類理論可劃分為智慧技能、動作技能和認知技能。

(1) 智慧技能：運用規則對外辦事的能力。

(2) 動作技能：運用規則支配自己身體肌肉協調的能力。

(3) 認知技能：學生內部組織起來、用以支配自己心智加工過程的技能。

三、化學程序性知識學習的一般過程

研究者們一般將程序性知識學習的過程劃分為三個階段，即知識的習得階段、知識的鞏固與轉化階段和知識的應用與遷移階段。中國皮連生教授進一步將此三階段拓展為六步驟，提出了程序性知識的學與教的一般過程模型，如圖 5-1 所示。

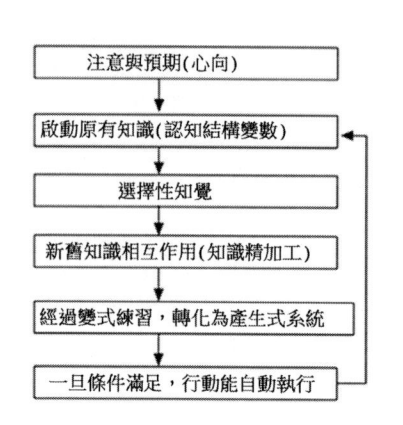

```
┌─────────────────────┐
│ 注意與預期(心向)      │      (1)引起與維持注意,告知教學目標。
├─────────────────────┤
│ 啟動原有知識(認知結構變數)│←┐ (2)提示學生回憶與鞏固原有知識。
├─────────────────────┤  │
│ 選擇性知覺           │   │ (3)呈現經過組織的新資訊。
├─────────────────────┤  │
│ 新舊知識相互作用(知識精加工)│ (4)闡明新舊知識的各種關係,促進新知識
├─────────────────────┤  │    的理解。
│ 經過變式練習,轉化為產生式系統│(5)指引學生反應,提供回饋與糾正。
├─────────────────────┤  │
│ 一旦條件滿足,行動能自動執行│─┘ (6)提供技能適用情境,促進遷移。
└─────────────────────┘
```

圖 5-1 程序性知識的學與教的模型

上圖為程序性知識的學習過程,圖中第 3、第 4 步為學與教的第一階段,是知識的習得階段,第 5 步為知識的鞏固與轉化階段,第 6 步為知識的遷移與應用階段。

四、化學程序性知識的教學策略

現代認知心理學認為,陳述性知識是程序性知識的前身。因此,要掌握化學程序性知識,相應化學陳述性知識的重要性是不容忽視的。但是,僅僅掌握陳述性知識遠遠不夠,現實中常常出現的「懂而不會」就是掌握了陳述性知識而沒有很好地掌握程序性知識。為使學生獲得水平較高的程序性知識,可採取以下策略。

1. 概念的教學策略

針對概念的抽象水平不同,使用不同的教學方法。通常,具體概念的教學要經過知覺辨別、假設、檢驗假設和概括四個階段,較適合採用發現式學習。例如學習「氧化物」這個概念時,首先展示多種氧化物的化學式;其次,假設「氧化物中只有兩種元素,其中一種是氧元素」;再次,舉出更多的氧化物的化學式檢驗這個假設,使假設進一步精確化,「一種化合物由兩種元素組成,其中一種是氧元素的化合物叫氧化物」,最後概括揭示氧化物的本質特徵。在這個過程中,需要從外界尋找較多的正例和反例,正例有助於確證概念的本質屬性,反例有助於剔除概念的非本質屬性。定義性概念的教學一般採用先讓學生理解概念的含義、概念的本質特徵,然後用適量的典型例

子做分析說明的策略，較適合採用授受式教學。

2.「例—規」教學策略

「例—規」法是指通過學習、分析規則的若干例證，從例證中概括出一般結論的教學策略。它屬於化學學習中的探究學習範疇。例如在探究質量守恆定律時，學生可通過多次實驗探究，觀察質量變化規律，在此基礎上歸納出質量守恆定律。

3.「規—例」教學策略

「規—例」法與「例—規」法正好相反，是指先學習、理解規則的含義，然後借助於例證加深對規則的理解和應用的教學策略。它屬於接受學習的範疇。例如，在教學過程中先學完質量守恆定律，然後再進行應用，解決具體問題。在此過程中，教師要注意組織多樣的練習，促進學生對概念的理解。

五、化學智慧技能的教學設計

皮亞傑將智慧技能劃分為五個具有層次的亞類：辨別、具體概念、定義性概念、規則和高級規則，如應用化學規則、原理、概念等解決實際問題等。

智慧技能學習的設計包括以下幾點。

首先，依據奧蘇貝爾的有意義接受理論，新知識的學習應建立在相關舊知識的基礎上，這樣新技能的學習才能有效。除此之外，新技能的多個步驟應該以疊加的方式呈現，並且呈現不應超過短時記憶的限制。例如，教師在講解化學方程式的書寫時，若講解太快，且未提示學過的相關內容，這種情況下，學生將會感覺很混亂。

其次，智慧技能的學習也要注意引起學生興趣，或引發其認知衝突。教學設計中設置顛覆學生已有認識或結合學生感興趣的內容，有利於達到良好的教學效果。

最後，加涅和德里斯科爾指出，最初習得智慧技能時，可能又快又准，但是它們的保持和在實際問題中的應用卻比較困難。因此，重復和變式是必要的。

六、化學動作技能的教學設計

動作技能是指「涉及肌肉使用的對行為表現準確、流暢、及時的執行」(加涅)，如進行化學實驗操作等。

動作技能學習的設計包括：首先，某一動作技能的習得同智慧技能的習得一樣，要滿足引起學生注意和興趣等條件。除此之外，根據菲茨和波斯納提出的動作學習三階段理論(早期認知階段─中間階段─最後的自動化階段)動作技能的習得(在化學中，即實驗操作技能的習得)同樣要滿足三階段相應的條件。方法有提示子程序(如言語指導或技能的演示)、重復練習、及時反饋等。

七、化學認知技能的教學設計

認知技能是由學生指導其學習、思考、行動和感覺過程的許多方式組成。加涅將認知技能設想為代表了資訊加工的執行控制功能，而且它們構成了其他人所說的條件性知識。

認知技能同樣屬於程序性知識學習的範疇。因此，有關概念和規則等的智慧技能的學習條件也同樣適用於認知技能的學習。但是，認知策略是一種特殊的程序性知識，它有自身的特點。因此，不能將一般概念和規則的學習規律簡單推廣到認知技能學習上。

認知策略學習的內部條件有以下幾點：①原有知識背景：研究表明，認知策略的應用離不開被加工的資訊本身，在某一領域知識越豐富，就越能應用到適當的加工策略中。②學生動機水平：研究表明，凡是知道策略應用所帶來效益的學生比只學習策略的學生，更能保持習得的策略。③反省認知發展水平：認知策略的反省成分是策略運用成敗的關鍵，有些心理學家主張認知策略學習應與反省認知訓練結合。

認知技能學習的外部條件涉及以下內容：第一，若干例子同時呈現，越是高度概括的規則，越要提供更多的例子；第二，指導規則的發現及其運用條件；第三，提供變式練習的機會。

第四節　化學問題解決的教學設計

一、問題解決教學概述

1. 問題解決教學模式的內涵

問題性教學是一種教學模式，顧名思義是將問題作為模式的主題，以問題的解決為目標，並在解決問題的過程中，學生掌握規定的教學內容，得到思維和科學方法的訓練，提高思維創造性和學習新事物的積極性。由於該模式特別有利於理化教學的優化操作，因此得到了廣泛的研究和應用。在化學教學中，探究式教學即屬於問題解決教學。

2. 問題解決的教學模式

問題解決教學模式的基本結構是：設計情境，提出問題，分析問題，解決問題，回顧，歸納，得出結論，應用。

該模式具體操作如下：

第一步，設計情境，提出問題。設計情境即將此問題放入實際情境中，以學生感興趣的情節表達出來，並將情境中蘊含的知識明確地提出來。情境可選取故事情節、日常生活現象、社會生產實踐現象等。

第二步，分析問題、解決問題。分析問題中包含的知識以及需解決的問題，從課本、課外書、網站等資料和記憶中搜索解決問題所需的相關資訊，進行整理和提取。該過程中要注重培養學生的科學思維能力和探索能力。

第三步，回顧、歸納並得出結論。分析問題、解決問題的結果要用言語形式（文字或圖形等）表達出來，這是一個從感性到理性的過程，它可使學生對分析問題、解決問題的思維過程和思維方法有一個簡明、有效的把握，同時，又能鍛鍊學生的表達能力。

第四步，應用。設計與所授內容相似的問題，以鞏固「雙基」；依據教材，結合社會實際進行適當的綜合和拓展，鍛鍊學生的知識遷移能力。

二、問題解決教學設計策略

1. 問題解決教學設計中創設問題情境的策略

問題情境創設的合理與否，直接關係到問題解決教學的成敗。創設化學問題情境有以下策略。

(1) 通過實驗創設問題情境。化學實驗具有直觀性、形象性等特點，為學生提供了豐富的感性資訊，易引起學生的興趣。因此，運用實驗來設置問題，引導學生通過觀察、研究和分析實驗中獲得的感性資訊去探究問題，從而揭示化學現象的本質，探究化學規律。

(2) 通過舊知識的拓展引出新問題，創設問題情境。根據奧蘇貝爾的同化理論，任何一個新知識的學習，可通過設計恰當的先行組織者，尋求它與舊知識的聯繫作為新概念的增長點，促進其學習。

(3) 通過生動有趣的故事情節創設問題情境。在化學教學中，有些理論知識內容是抽象難懂的。對於這些內容就要求教師創設懸念，激發學生的探究熱情，以使課堂生動有趣。

(4) 通過分析相關數據變化規律創設問題情境。教師引導學生搜索資訊、分析數據、總結規律，增強概念原理的說服力，使學生更容易掌握，教學更加嚴謹。在這個過程中，學生分析、概括、抽象、推理、演繹能力將得到提高，同時也滲透了科學方法的培養。

(5) 通過多媒體技術創設問題情境。多媒體技術在化學教學中的應用不僅可增大資訊傳輸的容量，提高資訊的可信度，且能提供豐富多彩的視聽景象，提高學生的學習興趣。因此，借助多媒體技術來呈現問題，可以使抽象枯燥的問題變得具體、鮮活，激發學生的積極性。

2. 問題解決教學的幾個策略

教學策略是指在不同的教學條件下，為達到教學目的所採用的方式、方法及媒體等的總和。在問題解決教學中，可採用以下幾個策略。

(1) 先行組織者教學策略。奧蘇貝爾認為，能促進有意義學習的發生和保持的最有效策略，是利用適當的引導性材料對當前所學新內容加以定向與引導。這種引導材料就是先行組織者，其使用便於建立新、舊知識之間的聯繫，從而能對新學習內容起固定、吸收作用。

(2) 情境-陶冶教學策略。這是由保加利亞心理學家洛扎諾夫 (Georgi

Lozanov) 首創的，也稱暗示教學策略，主要通過創設某種與現實生活類似的情境，讓學生在思想高度集中但精神完全放鬆的情境下進行學習。通過與他人充分交流與合作，提高學生的合作精神和自主能力，從而達到培養人格的目的。該教學策略主要有以下幾個組成步驟。①創設情境。教師通過語言描繪、實物演示和音樂渲染等方式或利用教學環境中的有利因素為學生創設一個生動形象的場景，激起學生的情緒。②自主活動。教師安排學生加入各種遊戲、唱歌、聽音樂、表演、操作等活動中，使學生在特定的氣氛中積極主動地從事各種智力操作，在潛移默化中進行學習。③總結轉化。通過教師啟發總結，使學生領悟所學內容的情感基調，達到情感與理智的統一，並使這些認識和經驗轉化為指導其思想、行為的准則。

(3) 以「整體」求「結構化」教學策略。問題解決教學模式使教學從封閉走向了開放。教師在設計教學中，要研讀課標，把握重難點和核心內容，立足於課程的整體目標，把握化學學科的基本結構，實現教學的結構化。

(4) 示範-模仿教學策略。該策略主要用於技能類知識的學習。教師示範，學生模仿，包括以下四個步驟：動作定向(教師示範)—參與性練習(教師指導下)—自主練習—技能遷移(可與其他技能組合，構成更為綜合的能力)。

三、問題解決教學設計案例

案例 5-1：關於物質的量濃度的計算

1. 教學目標

(1) 知識與技能：鞏固並靈活運用物質的量濃度概念；把物質的量濃度納入到相關概念的知識網路中，形成新的知識結構；能夠進行物質的量濃度相關計算；瞭解血糖濃度標準。

(2) 過程與方法：通過體驗問題解決過程，逐步形成捕捉資訊的能力、與人合作能力和自主解決化學問題能力。

(3) 情感態度與價值觀：通過小組討論、查閱資料，進一步形成團結協作意識和自主解決問題意識；通過對血糖、糖尿病的討論，增強健康意識。

2. 問題設計

問題表述。(1) 人體血液中所含的葡萄糖稱為血糖。正常水平的血糖對於人體的組織器官的生理功能極其重要。假設某人血液中血糖的質量分數約為0.1%，若血液的密度約為 1g/cm^3，通過計算回答以下問題：①若此人為空腹，則初步判斷此人血糖濃度是否正常？偏低？偏高？②若此人是在飯後兩小時內，情況又如何呢？(2) 變式練習(略)。

設計意圖。(1) 問題以計算人體血液中的血糖濃度為背景，其目的是體現物質的量濃度在實際生活中的應用及其重要性。(2) 問題中通過血糖濃度的判斷，將化學與生命科學有機地結合起來，使學生意識到良好生活習慣的重要性。(3) 當然，最重要的目的還是通過解決問題鞏固物質的量濃度相關知識，建立新的知識結構，促進知識遷移，培養學生問題解決能力。(4) 教師故意隱去葡萄糖的分子式、血糖濃度是否正常的標準等必備條件，其目的是為了鍛鍊學生捕捉資訊的能力和促使其主動查閱資料。

3. 任務分析

問題分析。(1) 問題結構分析：該問題初看像是一個結構不完整的問題，其中有很多條件都沒有明示，如葡萄糖的分子式、血糖濃度是否正常的標準等。但所有這些都是隱性條件，而且都具有特定的值。因此，這仍是一個結構良好問題。(2) 問題領域知識：主要涉及的概念是質量分數、密度、物質的量濃度及其關係，其中物質的量濃度又涉及物質的量、體積等；根據葡萄糖的分子式確定相對分子質量。(3) 問題情境特徵知識：葡萄糖的分子式、判斷血糖濃度是否正常的標準。(4) 一般策略知識：算法式(數學邏輯推理/數學模型)策略。

學生分析。(1) 學生起點能力。①知識：學生已經系統學習過質量分數、密度、物質的量濃度、物質的量、體積等，對其概念的理解難度不大；學生已經能夠根據化學式確定其相對分子質量；學生已具備一定的相關數學知識和數學邏輯推理技能。②知識結構：學生雖然都學習過該問題涉及的關鍵概念，但是概念間的相互聯繫卻未必清楚，即這些知識還未形成牢固的聯繫，知識的結構化程度不高。(2) 問題解決的主要障礙。①問題表徵障礙：學生未必能夠意識到問題的隱含條件，從而全面理解問題；相關概念不能形成有效的知識結構。②策略選擇障礙：算法式策略選取應不成問題，但在數理邏輯

推理上可能有一定障礙。

4. 教學過程

設計意圖	教師活動	學生活動	教學預見
創設情境，引起注意	呈現有關糖尿病的多媒體資料：投影片、Flash動畫或影片剪輯等。	觀看、思考，聯繫相關知識、經驗。	
讓學生帶著問題進入下一環節	同學們知道什麼是糖尿病嗎？中國有多少糖尿病人？引起糖尿病的主要原因有哪些？什麼是血糖、血糖濃度？任選一個小組代表簡要回答以上問題，教師不做評論。 呈現投影片文字資料，回答以上問題。（文字資訊要言簡意賅，切忌冗長）	獨立思考與小組討論相結合。	—
讓學生在錯誤觀念與科學認識的衝突中更新觀念、獲取新知	追問：我們應該怎樣保持良好的生活習慣？（以上過程要嚴格控制，時間不宜過長，要言簡意賅，點到為止）	—	—
讓學生課後查閱資料，寫一篇小論文	—	記錄，課後作業。	—
提出問題，明確表述	下面我們就要運用剛剛學習的物質的量濃度解決一個有關血糖濃度的問題，請看題。 通過投影片，呈現問題：人體血糖中所含的葡萄糖稱為血糖。正常水平的血糖對於人體的組織器官的生理功能極其重要。假設某人血液中血糖的質量分數約為0.1%，若血液的密度約為$31g/cm^3$，通過計算回答以下問題：①若此人為空腹，則初步判斷此人血糖濃度是否正常？偏低？偏高？②若此人是在飯後兩小時內，情況又如何呢？	—	—

問題資訊量比較大，若只使用內部表徵，記憶負荷過重，故提示學生用文字或符號對問題進行外部表徵。	請同學們把該題所呈現的所有資訊用文字或符號表示出來。任選一個小組代表把其捕捉到的資訊表示出來。根據學生回答提問：我們再仔細讀題，還可以捕捉到什麼有用資訊呢？	獨立思考與小組討論相結合表徵問題。學生積極思考。	學生應該能夠順利捕捉到以下資訊。已知資訊：質量分數、密度。未知資訊：血糖濃度正常的判斷標準。學生可能發現題中溶質葡萄糖的相對分子質量是有用資訊。
回顧先決條件。	對！題中隱含的葡萄糖的相對分子質量也是一個有用資訊。	跟隨教師，回憶、聯想相關知識。	
分析問題，培養學生查閱資料、自主解決問題的習慣，利用問題鏈引導學生解決問題。	復習、回顧問題資訊包括的相關概念。（質量分數、密度、物質的量濃度、物質的量、體積及相對分子質量）下一步我們把問題的隱含資訊變為已知資訊，包括葡萄糖的相對分子質量和人體血糖濃度標準。（提供相關資料）任選一個代表把人體血糖濃度標準在黑板上寫下來。	小組討論，查閱資料。在教師引導下積極思考並回答問題。在教師引導下應該能夠順利回答。	通過討論、資料查閱，學生應該能夠得到所需資訊。
利用概念圖幫助學生形成新的知識結構、構建問題空間。	請問人體血糖濃度標準是用什麼物理量表示的？對！物質的量濃度。那麼要做出判斷，我們應該知道什麼？對！要知道其物質的量濃度。那怎樣求物質的量濃度呢？對！通過已知條件：質量分數、密度、物質的量、體積及相對分子質量求物質的量濃度。怎麼求？它們之間有什麼聯繫呢？和學生一起建立概念圖及其量的關係。	積極思考、聯想舊知，形成新的知識結構。	學生回答：通過已知條件來求解。
{: colspan=4} 物質的量濃度 —反比→ 體積 —正比→ 質量 —部分→ 質量分數；體積 —反比→ 密度；物質的量濃度 —正比→ 物質的量 —反比→ 摩爾質量 —數量相等→ 相對分子品質；正比/反比

解決問題策略提示：運用數學推理，形成問題解決方案。	通過這些已知條件與物質的量濃度的關係，我們是否可以通過數學知識和數學邏輯推理得到血糖濃度？知道了血糖濃度能否做出判斷？板書問題解決的具體過程，變式練習。	獨立思考，形成問題解決方案，實踐之並得到答案。分析、思考、總結、歸納、提升。	—
總結、評價、反思。	此類問題的解決思路；與物質的量相關概念的知識結構。談談你對這個問題解決的體會？在問題解決過程中有何收穫，還存在哪些問題？	思考、總結。做出自我評價。	—

案例 5-2：滅火的原理和方法

1. 教學目標

(1) 知識與技能：瞭解火災的危害；認識燃燒的條件和滅火的原理；能夠在特定情境下選擇恰當的滅火方法。

(2) 過程與方法：通過對燃燒條件問題的自主解決，體驗資訊獲取和自主解決問題的過程。在解決如何滅火的問題中，進一步形成獨立思考能力、與人合作能力和問題解決能力。

(3) 情感態度與價值觀：在自主解決問題和與同學合作交流討論中體會學習化學的樂趣和價值；通過對火災的瞭解，增強社會責任感。

2. 問題設計

問題表述：如何滅火？

設計意圖。(1) 問題以火為背景，主要是讓學生瞭解火災的危害，增強社會責任感；(2) 引導學生在解決如何滅火的過程中，構建燃燒條件和滅火原理的知識；(3) 通過學生對滅火方法的情境性考察，使學生瞭解解決開放性問題的過程、方法；(4) 學生在開放性條件下解決問題，培養學生獨立思考與合作交流的能力；(5) 問題涉及的領域知識非常豐富，有利於培養學生的創造性思維能力和發散思維能力。

3. 任務分析

問題分析。(1) 問題結構分析：這是一個典型的綜合開放性問題，是條件、

結論、策略和內容開放的組合。(2) 問題領域知識：該問題的領域知識涉及面非常廣，不僅包括化學知識，還包括物理知識、生物知識、社會知識等多學科知識。(3) 問題情境特徵知識：由於該問題的條件是開放性的，因此，其問題情境知識需要學生在獨立思考和交流討論過程中，根據自身相關知識結構來確定。(4) 一般策略知識：主要使用啟發式問題解決策略及具體領域問題解決策略(如多向思維策略等)。

　　學生分析。(1) 學生起點能力。①知識。本節課是國中化學內容，在學習本節課時，學生應該具有了一定的化學、物理、生物等相關知識和一些關於滅火的社會知識。②知識結構：解決這個問題需要學生運用多學科知識的能力，因此要求學生根據問題構建多學科的知識網路。(2) 問題解決的主要障礙。①問題表徵障礙。這個問題的表徵障礙主要在兩個方面，其一是對特定問題情境知識的掌握；其二是多學科知識網路，知識結構的構建。②策略選擇障礙。主要在學生的發散思維能力上。

　　4. 教學過程

設計意圖	教師活動	學生活動	教學預見
為上課做準備，同時培養自主查閱資料、自主獲取資訊能力和自主解決問題能力。	課前：（上課前一周佈置學習任務）問題：請同學們猜測一下燃燒應該具備什麼條件？課外自主設計實驗證明自己的觀點，並寫一篇小論文。	查閱資料，自主探究，完成小論文。	
創設問題情境，提出問題。	課上：（投影片展示幾幅關於火的圖片）同學們都看到了什麼呀？對！火。		
對火的客觀認識。	大家對火不會陌生，火與我們的生活息息相關，我們人類的生存離不開火，餓了我們用火做飯，冷了我們用火取暖；同時，火還是人類文明的搖籃，正是對火的認識和利用開啟了人類文明之門。但是，事物總是具有兩面性，「火善用之則為福，不善用之則為禍」。如果不正確使用火，它也會給人類帶來災難———火災。	觀看、傾聽	
觸動學生，警示學生並引起學生注意。	呈現有關火災的多媒體資料，可以是投影片、Flash 動畫或影片剪輯等（最好是不同類型火災和不同媒體表現手段，文字、聲音和圖像配合使用）	觀看、傾聽	
引出問題。	介紹展示內容。據統計，2005 年全國共發生火災 235,941 起，死亡 2,496 人，受傷 2,506 人，直接財產損失 13.6 億元。而且這還不包括森林、草原、軍隊、地下礦井部分的火災，而絕大部分火災是人為因素引起的。可見，火災給我們帶來了多麼大的損失。那麼，我們有沒有必要學習有關火、滅火的知識呢？	傾聽、思考、回答問題	
明示問題。	這節課我們就來探討如何滅火？		

分析問題、解決問題	要研究如何滅火，我們是不是首先要瞭解一下火是如何引起的？又是怎樣維持的？即燃燒應具備什麼條件？	傾聽、思考、回答問題。	只要教師精心做出有代表性的設計，就會激起學生積極思考和辯論，經過辯論，學生完全能夠歸納和總結。
引導學生自我反思與相互評價。	根據學生課前作業———小論文，選取有代表性（可以是錯誤的設計）的實驗設計，請該同學上台演示，並陳述觀點和論據。（課前準備好實驗儀器） 請對實驗設計、觀點或論據有異議的同學發表觀點。最好是有激烈的爭論，在爭論過程中，教師不發表評論。 這一過程中教師要控制課堂秩序。	思考、提出自己觀點。	
做簡要點評。	很好！同學們都在積極地動腦筋，並且想出了這麼多好的方法（對學生努力給予鼓勵和肯定）。但有些想法還不夠好。下面我們一起來總結一下。	獨立思考與小組討論。	學生根據燃燒原理討論，能夠回答滅火原理。
培養學生靈活運用新知識解決問題的能力。	（和學生一起總結燃燒的條件）我們已經知道了火是如何引起的，又是怎樣維持的，即燃燒應具備什麼條件。那麼，我們現在的目的是滅火，是抑制燃燒。請問消防隊員滅火的原理是什麼？任選小組回答。 （追問）那麼我們可以採用什麼具體方法滅火呢？請同學們把具體的滅火方法表述出來，並說明理由。	聯想經驗，回憶相關知識，形成問題解決方案。	學生的方法可能千奇百怪，教師要選擇有代表性的來分析。
形成問題解決方案。	請多位同學把自己的滅火方法與全班進行交流。對學生的滅火方法提出質疑，比如針對用澆水降低溫度的滅火方法，可以這樣說：請問同學，如果著火的是一個情況不明的化工廠，我們可以魯莽地使用水來滅火嗎？……	討論交流，問題解決方案置入特定情境，構建論據。	學生根據社會經驗能夠提出一些簡單的火災情境。
假定特定情境，構建論據。	大家的滅火方法既沒有錯，又不一定對。為什麼呢？不是所有的滅火方法對所有的火災都適用，不同的情境我們必須採用不同的方法。下面請同學們為自己的方法加上特定的情境，並論證你的方法的可行性。組織學生討論交流。	討論、交流。	

| 總結、評價、反思。 | 總結歸納相關知識，形成新的知識結構；讓學生就防火、滅火等相關問題，寫一篇小論文。 | 思考、總結並做出自我評價。 | |

思考題

1. 如何判斷具體化學知識的類型？請結合具體內容，嘗試進行判斷。
2. 陳述性知識學習的條件有哪些？陳述性知識學習的一般過程是什麼？
3. 化學程序性知識的主要特徵是什麼？
4. 問題解決教學設計策略有哪些？問題解決學習對學生有哪些積極的影響？

實踐探索

請選取初、高中化學教材中的任意一節內容，分析知識的類型，並運用所學的知識，選擇適當的策略嘗試進行這節課的教學設計。設計完成後，請查找一篇關於此內容的中學化學教師的教學設計，從教學目標設計、學生分析、教學內容分析、教學策略的選擇和學習評價的使用等方面進行比較，或者與其他同學進行比較、分析、討論，看看自己的設計是否合理？存在哪些問題？應該如何改進、優化？並撰寫反思日記。

拓展延伸

實施問題解決教學，有助於改變教師的教學方式和學生的學習方式，培養學生的科學素養，促進學生創新意識與實踐能力的發展。實施問題解決教學，離不開科學的、精心的教學設計。請思考，當你擬採用問題解決教學模式進行教學設計時，需要考慮哪些具體問題？你的問題設計有何依據？核心思路和線索應如何進行設計？

第六章　基於資訊技術與學科整合的化學教學設計

本章導學

　　本章主要介紹資訊技術和教育資訊技術與化學課程整合的途徑、方法及存在的問題，並介紹了四種基於資訊技術與化學課程整合的教學模式。

學習目標

　　1. 理解教育資訊技術的含義及其對教育活動帶來的影響。

　　2. 理解資訊技術與化學課程整合的途徑與方法，思考整合帶來的利與弊。

　　3. 理解資訊技術與化學課程整合過程中存在的問題，並思考如何避免或進行改進與優化。

　　4. 學習基於主題式的化學教學模式，理解這種教學模式的特點和設計方法，並能選擇合適的化學教學內容進行主題式化學教學設計。

　　5. 學習基於任務驅動的化學教學模式，理解這種教學模式的特點和設計方法，並能選擇合適的化學教學內容進行任務驅動的化學教學設計。

　　6. 學習基於 WebQuest 的化學教學模式，理解這種教學模式的特點和設計方法，並能選擇合適的化學教學內容進行基於 WebQuest 的化學教學設計。

　　7. 學習基於網路協助的化學學習模式，理解這種教學模式的特點和設計方法，並能選擇合適的化學教學內容進行基於網路協助學習的化學教學設計。

資訊技術 (Information Technology，簡稱 IT) 與課程整合，是將資訊技術有機地融合在化學教學過程中，營造一種資訊化教學環境，使資訊技術與學科課程結構、課程內容、課程資源以及課程實施等融合為一體，成為與課程內容和課程實施高度和諧的、自然的有機部分，實現一種既發揮了教師主導作用又體現了學生主體地位的「自主、探究、合作」的教與學的教學方式。它能更好地完成課程目標，把學生的主動性、積極性、創造性充分地發揮出來，並提高學生的資訊獲取、分析、加工、交流、創新、利用的能力，培養協作意識和能力，促使學生掌握在資訊社會中的思維方法和解決問題的方法，使傳統的以教師為中心的課堂教學結構發生根本性變革———由教師為中心的教學結構轉變為「主導—主體相結合」的教學結構。

第一節　資訊技術與化學課程整合理論概述

一、資訊技術與教育資訊技術

　　教育資訊技術是在教育過程、教育系統中傳遞教育資訊的技術。教育資訊技術是由多種技術組成的技術體系，按照教育系統和技術特性進行分類，把教育資訊技術大致分為傳統教育資訊技術、電子教育資訊技術、教育組織系統技術、教學系統方法和教育資訊資源管理五種類型。

　　(1) 傳統教育資訊技術，即傳統教學技術，以「人—人」交互為主，並有媒體參與。這個體系包括口耳相傳術、形體表演術、印刷術、文字載體編制技術、靜態直觀教學技術和課本、黑板、粉筆等實物，以及模型、圖表等各種教學應用技術。這些技術是傳統的，但不一定是過時的、不好的。雖然現代科技在教育中被廣泛應用，但是傳統教學技術在現代教育中仍在發揮主要作用，大多數情況下教師還是在用課本、黑板、粉筆、教具進行教學，學校教育仍然以面對面的教學為主。其原因就在於傳統教育資訊技術簡單易行、經濟實惠，教師可以自由發揮，充分表達自己的經驗、思想感情和教學藝術。

　　(2) 電子教育資訊技術是指在「人—機—人」教育資訊傳播系統中，以電子資訊技術為核心的教育資訊技術。它的突出特點是電子資訊技術與人的智能在教育中的結合。電子教育資訊技術又可分為廣義的和狹義的兩類。廣

義的電子教育資訊技術就是電化教育中所應用的一切電子媒體技術加智能技術，即電教技術，如幻燈投影教學技術、錄音教學技術、廣播影視教學技術、教育衛星通信技術、電腦多媒體教學技術等，這是大家很熟悉的。狹義的電子教育資訊技術通常指電腦多媒體教學技術、網路教學技術和教育衛星通信技術等，就是大家常說的教育資訊化技術。

(3) 教育組織系統技術。這個體系包括集中教學技術、小組教學技術、個別化學習技術。

(4) 教學系統方法。這個技術體系包括教學設計技術、教育資源開發和使用技術、教育資訊傳播過程的教學管理與評價技術等。

(5) 教育資訊資源管理。美國持「系統方法(技術)說」觀點的代表人物里克斯認為：「資訊資源管理是為了有效地利用資訊資源這一重要的組織資源而實施規劃、組織、用人、指揮、控制的系統方法。」教育系統中同樣存在資訊資源管理問題，因此教育中引進一般的資訊資源管理概念是必要的。教育資訊資源管理作為一種教育資訊技術，對於充分發揮教育資訊資源的作用具有極其重要的價值。

二、資訊技術與課程整合的概念、意義、目標、途徑與方法

資訊技術與課程整合是指在課程教學過程中把資訊技術、資訊資源、資訊方法、人力資源和課程內容有機結合，共同完成課程教學任務的一種新型的教學方式。化學是在原子、分子水平上研究物質的組成、結構、性質及其變化應用的一門自然科學，化學學科的教學著重研究物質的宏觀、微觀和動態等方面性質，比其他學科更具複雜性、微觀性和抽象性，使得化學學科更需要較多地借助多媒體技術和網路技術，從而更好地向學生詮釋其中的奧妙，以幫助學生對其進行理解和掌握。而資訊技術與化學教學的整合，就是在化學教學中充分利用資訊技術手段，把現代資訊技術作為學生在學習時必要的認知工具和教師在改變教學方式時的重要輔助手段，依靠資訊技術提供豐富的課程資源來創設教學情境並以此輔助學習活動，使資訊技術與課程資源、課程結構及課程內容的實施等方面有機地結合在一起，成為和諧互動的整體。將現代資訊技術與化學有效地整合，為學生提供豐富的學習資源，通過充分、

合理、創造性地運用現代資訊技術，為學生創設氛圍濃厚的學習環境，激發學生對化學學科的興趣，提高其自學能力，激活其思維，提高其分析能力，發展其個性，增強其綜合素質。

三、資訊技術與化學課程整合過程中存在的問題

隨著以電腦和網路為核心的教育資訊技術的不斷發展及其在化學教學中的應用，資訊技術與化學教學的整合已經成為一種趨勢。但是，在實際教學中，也出現了過於依賴現代資訊技術的傾向，反而影響了教學效果。現代資訊技術有其獨特的優勢，但也存在明顯的不足，作為現代教學手段，資訊技術是對傳統教學手段的補充，但不可能完全取代傳統的教學手段。在教育資訊技術與化學學科教學的整合中，存在三個主要問題。

1. 模擬實驗無法替代化學實驗

利用現代資訊技術，我們可以把一些難於觀察的、抽象的、微觀的、危險的化學過程模擬出來，使抽象問題具體化、複雜問題簡單化，避免煩瑣的講解過程。然而，作為一門自然科學，是以實驗為基礎的，無論資訊技術發展到何等程度，都無法取代實驗教學在化學教育中的基礎地位。

(1) 在科學性上，利用資訊技術模擬實驗無法替代化學實驗。儘管多媒體技術幾乎可以將任何化學變化的過程逼真地模擬出來，但只是模擬。科學是需要用事實來說話的，模擬與事實是否相同呢？這必將導致學生心存疑惑。許多化學實驗，其現象儘管沒有課件演示那麼清晰，如焰色反應，但實驗是真實存在的，其真實性、科學性和嚴密性是可以為學生所感知的。

(2) 在趣味性上，利用資訊技術模擬實驗無法替代化學實驗。化學實驗往往伴隨著物體的運動、發光、發熱、顏色及形態的變化，有時甚至是爆炸等極端現象，在完成教學的同時，也增強了課堂的趣味性，提高了學生的學習興趣和課堂效率。許多學生喜愛上化學課的原因，就是因為在化學課堂上經常會有各種各樣、有聲有色的實驗，如果簡單地用影片似的課件演示替代實驗，其趣味性必將蕩然無存。

(3) 在能力培養上，利用資訊技術模擬實驗無法替代化學實驗。實驗教學是培養學生探究能力，提高學生科學探索精神的最有效途徑。在演示實驗、

學生實驗的過程中，學生需要運用全部的感官去觀察、感知實驗的現象，通過對現象的分析、處理，探究變化的過程和原因。這其中的許多現象(如放熱、吸熱等)是課件難以真實描述的，這就影響了學生的分析、探究。何況，電腦模擬完全是按照老師的意志、知識水平進行設計、製作的，這種實驗結果是一種理想狀態下的結果。但現實中的許多外因都會對實驗的現象與結果產生影響，從而使實驗產生異常現象。另外，學生可以參與其中，在保證安全的前提下還可以由學生親手完成整個實驗，不僅可以增強學生的動手能力，而且可以使學生體驗科學探索的途徑，感受成功的喜悅。

2. 屏幕無法完全取代傳統板書

(1) 傳統的板書過程往往是老師思維過程的再現。教師伴隨著講授過程板書，實際上是在一步步書寫著自己的思維過程，對學生具有一定的啟迪和示範作用。同時，老師與學生、學生與學生之間的交流，也是學生思維漸進的過程。若這個過程也用電子板書來替代，也就無法展現教師教、學生學的思維過程，這樣教學的效果就大打折扣了。

(2) 課堂教學是一個複雜的過程，教材、教師、學生三者的思維不可能完全吻合。因此，課堂教學需要隨機應變，需要教學機智。當學生的思維方式、思維順序與課堂設計不相符時，就需要教師及時進行相應的調整，有時甚至要對設計好的板書進行調整。一般說來，板書除了包括教師備課過程中設計好的相對固定的部分外，也包括上課過程中針對具體問題和具體情況臨時書寫的部分。而利用資訊技術製作的課件，在上課過程中難以即時修改，缺乏應變性。

(3) 對於化學教學而言，其學科覆蓋面廣，知識點分散，若不能在教學過程中突出重難點，必將使學生無法抓住學習的主流。教師在板書的過程中，往往可以通過更換不同顏色的粉筆、利用各種不同的符號來突出重要知識點。優秀教師的課堂要點，常常能直觀地反映在其板書的圈圈點點上。相反，在屏幕上，教師很難用其個性化的符號即時描述，也難以對需要強調的文字進行圈點，會影響教學效果。

3. 人機對話無法替代資訊交流

(1) 傳統的面對面的語言交流是一種暢通無阻的交流，如果師生之間、學

生之間的交流全部通過電腦進行，實際上就是給資訊交流設置了一層障礙。資訊技術應該是一種工具，而不應是一種障礙。

(2) 教學過程中的資訊交流是多向的，教師與學生、學生與學生都可以進行必要的資訊交流，這種交流絕非單個學生與機器的交流所能替代的。

(3) 課堂教學不僅僅是知識的傳播和學習，更是教師與學生、學生與學生之間情感的交流。不加控制地以網路來替代講授，實際上是以人機對話來替代語言、感情的交流。缺乏情感交流的教學，就像一片荒蕪的沙漠，是無法培育出健康成長的學生的。

資訊技術與化學課程的整合在教學中有很大的應用潛力，但絕不是萬能的，化學教師應以適當的方式把它應用到教學中恰當的環節上，使它成為教學的有機部分，發揮最大的潛力。使用過程中需要注意以下兩點。①在化學教學中要明確資訊技術的地位是「輔助」，而不是「代替」，要堅持不可取代性原則。②實驗教學的功能是任何手段替代不了的，學生在實驗中所經歷的思維、操作、分析、觀察能力的鍛鍊，在實驗中對情緒、意志、毅力等品質的形成只能通過實驗來實現。不能因資訊技術與化學課程的整合而削弱實驗教學，即堅持以實驗為基礎的教學原則。

第二節　基於資訊技術與課程整合的化學教與學模式

一、主題式的化學教學模式

主題式教學模式是資訊化教學模式的一種，是指在一定的專題、問題情境下，以學生主動建構為活動主線，旨在促進學生多元智能發展的教學活動模式。它的功能目標是實現教學內容、學習方式、教師角色、課程結構的轉變，提高學生問題解決、探究、創新等能力，促使學生的學科素養和資訊素養同時提升，最終使學生學會認知、學會做事、學會共同生活、學會生存，實現終身教育。

主題式教學模式的實現需要物質資源，如媒體、實驗器材；需要人力資

源，如教師、教輔人員、家長及社會力量支持；需要資訊／環境資源，如互聯網、虛擬實驗室；更需要學生具有相應的資訊技術應用能力，加上教師的智慧，如採用的策略和方法。主題式教學模式的實現是對各種條件進行統整的過程。

主題式教學單元設計流程：選取主題及核心概念，確定主題所涉及的專題(問題)，針對專題(問題)設計學習任務活動，組織學習資源，形成活動時間表，決定評價方式，設計主題單元資源。從教師設計活動、教學過程、學生學習活動三個層面分析，主題式教學模式的活動程序如圖 6-1 所示。

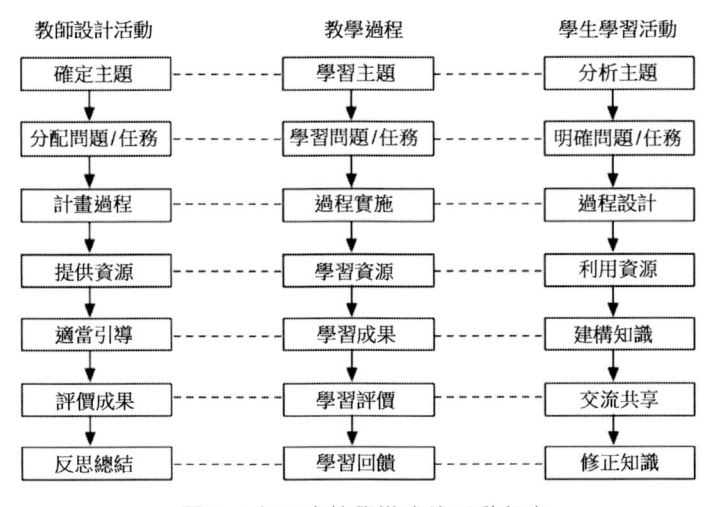

教師設計活動	教學過程	學生學習活動
確定主題	學習主題	分析主題
分配問題/任務	學習問題/任務	明確問題/任務
計畫過程	過程實施	過程設計
提供資源	學習資源	利用資源
適當引導	學習成果	建構知識
評價成果	學習評價	交流共享
反思總結	學習回饋	修正知識

圖 6-1 主題式教學模式的活動程序

二、基於任務驅動的化學教學模式

任務驅動教學模式是基於建構主義理論發展起來的，其核心教育理念是「讓學生積極地解決問題，並建構自己的知識框架。」任務驅動教學模式是在創新教育、素質教育的思想指導下，以建構主義學習理論為基礎，通過教師在教學過程中設置具有引導性和啟發性的學習任務，激發學生的學習動機和興趣，促進學生自主學習、合作交流和探究，提高問題解決能力的一種穩定的教學結構形式。運用任務驅動教學模式進行化學教學時，常將與現實生活和社會問題密切相關的事例作為情境，引導學生解決真實情境中的任務，在完成任務過程中推動知識和技能的掌握，發展運用所學知識和技能分析問

題、解決問題的能力,掌握科學方法,同時體驗運用實驗等方法成功解決問題的情感,形成良好的科學品質。運用高中化學實驗任務驅動教學模式展開教學的步驟如圖 6-2 所示。

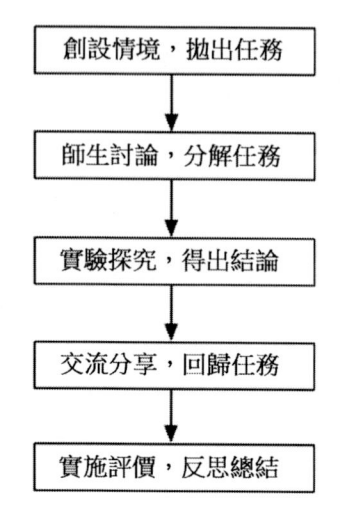

```
創設情境,拋出任務
        ↓
師生討論,分解任務
        ↓
實驗探究,得出結論
        ↓
交流分享,回歸任務
        ↓
實施評價,反思總結
```

圖 6-2 任務驅動教學模式的教學步驟

下面是《鈉的性質實驗》採用任務驅動教學模式的教學過程。它通過四則新聞事件創設了模擬真實的教學情境,使教學內容由科學世界向生活世界回歸,在真實的情境中變得具有現實意義。通過完成提出的任務,學生掌握研究物質性質的基本方法,提高運用化學知識解決實際問題的能力,感受到化學學習的意義和作用。化學教學中,以化學實驗史實為線索設計任務,能幫助學生體會、瞭解化學家認識世界、改造世界過程中的科學思想和思路。化學教學將不僅限於現成的靜態結論,而是結合化學教與學的過程揭示出蘊含於化學知識之中的科學思想和科學方法,潛移默化地促使學生多方面能力的提高,使學生的科學素養得到全面提升。

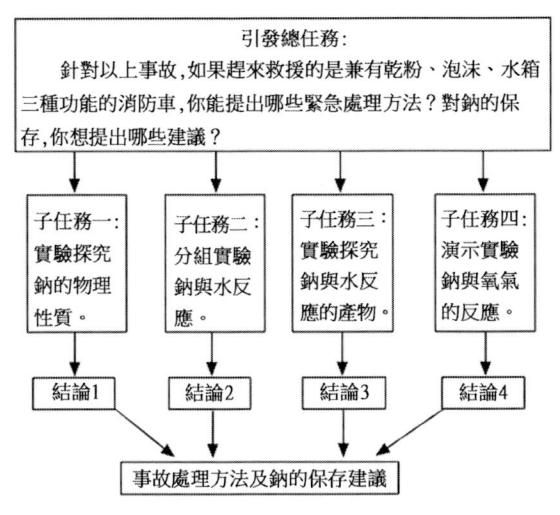

```
                    任務情境：四則新聞報導

                         引發總任務：
                  針對以上事故，如果趕來救援的是兼有乾粉、泡沫、水箱
                  三種功能的消防車，你能提出哪些緊急處理方法？對鈉的保
                  存，你想提出哪些建議？

      ┌─────────┬─────────┬─────────┬─────────┐
  ┌─────────┐┌─────────┐┌─────────┐┌─────────┐
  │子任務一：││子任務二：││子任務三：││子任務四：│
  │實驗探究  ││分組實驗  ││實驗探究  ││演示實驗  │
  │鈉的物理  ││鈉與水反  ││鈉與水反  ││鈉與氧氣  │
  │性質。    ││應。      ││應的產物。││的反應。  │
  └────┬────┘└────┬────┘└────┬────┘└────┬────┘
  ┌─────────┐┌─────────┐┌─────────┐┌─────────┐
  │ 結論1   ││ 結論2   ││ 結論3   ││ 結論4   │
  └────┬────┘└────┬────┘└────┬────┘└────┬────┘
       └─────────┴────┬────┴─────────┘
              ┌────────────────┐
              │事故處理方法及鈉的保存建議│
              └────────────────┘
```

圖 6-3 任務驅動教學模式的教學過程

案例 6-1：《苯的結構式確定》教學設計

情境一：

19 世紀初，英國和其他歐洲國家一樣，城市的照明已普遍使用煤氣。當時倫敦為了生產照明用的氣體(也稱煤氣)，通常用鯨魚和鰭魚的油滴到已經加溫的爐子裡以產生煤氣，然後再將這種氣體加壓到 13 個大氣壓，將其儲存在容器中備用。在加壓的過程中產生了一種副產品———油狀液體。

英國化學家法拉第 (Michael Faraday, 1791-1867) 對這種油狀物產生了興趣。他用蒸餾的方法在 80℃左右將這種油狀液體進行分離得到另一種液體。當時法拉第將此液體稱為「碳氫化合物」。

1834 年，法國化學家米希爾里希 (E.F.Mitscherlich) 通過蒸餾苯甲酸和石灰的混合物得到了與法拉第所制液體相同的一種液體，並命名為苯。

任務一：閱讀材料並觀察苯試劑，歸納、總結苯的主要物理性質。

情境二：

1834 年，法國化學家日拉爾等人利用苯的燃燒法進行定量實驗，確定了此有機物的相對分子質量為 78，分子式為 C_6H_6。

1858年，庫帕(Couper,A.S.)提出「有機化合物分子中碳原子都是四價的，而且互相結合成碳鏈」構成了有機化學結構理論基礎。因為有了這樣的理論基礎，對於分子式為 C_6H_6 的苯結構組成的研究在19世紀60年代末成為熱點。

任務二：猜測苯 (C_6H_6) 可能的分子結構，寫出其可能的結構簡式。

任務三：實驗驗證推測出的苯分子結構。

情境三：凱庫勒在1866年發表的《關於芳香族化合物的研究》一文中，提出兩個假說：1.苯的6個碳原子形成環狀閉鏈，即平面六角閉鏈。

2.各碳原子之間存在單雙鍵交替形式。

任務四：根據實驗事實對凱庫勒提出的苯的結構進行修正。

此案例以三組情境引發任務，既對學生進行了化學史教育，又給學生提供了探究的空間，學生積極參與，開闊了思路，訓練了思維能力。

此外，由於課內時間是有限的，有時需要課內外相結合，將任務向課外延伸，通過課外活動實施。如：學習完「化學反應中的能量變化」後，讓學生嘗試完成「運用所學知識製作一個簡易『冰袋』，實現短時保鮮」的任務；學習了「鈉及鈉的化合物」後，適時舉辦「食品製作大賽」，學生可製作飲料、各種糕點等。在完成這些任務的過程中，學生通過查閱資料收集相關資訊，小組合作完成實驗，分階段展示實驗成果，自主設計實驗報告，並運用評價量表進行評價等。採用課內外相結合的方法，學生將書本知識、網路資訊和生活實際結合，增強了合作與交流能力，感受了團隊精神，產生濃厚的學習興趣，鍛鍊了動手能力。

三、基於 WebQuest 的化學教學模式

「Web」是「網路」的意思，「Quest」是「尋求」「調查」的意思。WebQuest 主要是在網路背景下，由任課教師對學生進行引導，以一定的教學任務驅動學生進行自主探究學習。它的理論基礎是建構主義的學習理論和主體性教育理論，提倡學習以學生為主體，充分發揮學生的主體作用。

一個完整 WebQuest 主要是由引言、任務、過程、資源、評價和結論六個部分構成的。

1. 引言 / 緒言 / 主題 (Introduction)

該部分提出一個具有開放性的主題,該主題最好來源於現實生活的真實任務,讓學生具有清晰的目標,在一個真實情境中運用所學知識解決問題或做出決策,從而更好地感悟智慧。其次,該部分要鼓勵學生回顧先前掌握的知識,激發學生探索的興趣。

2. 任務

任務模組是課程教學目標的具體化,對學習結束時學生將要完成的事項進行描述。任務由教師來設計,給學生一個明確的學習目標,使學生集中精力調動各種能力完成任務,為協作學習的交流和互動做好準備。任務的最終結果可以是一件作品 (Power Point 演示文件、一個網站),也可以是一個解釋某一特定主題的書面或口頭的報告,還可以是其他形式的學習成果。總之,WebQuest 的任務並不是僅僅讓學生來回答問題,而是要求學生必須運用高級思維技能才能完成。這些高級思維技能包括創造、分析、綜合、判斷和問題解決等。

3. 過程

在過程模組中,教師將完成任務的過程分為若干個循序漸進的步驟,並在每個步驟向學生提供簡短而又清晰的建議,其中也包括將總任務分解成多個子任務的策略。實際上,過程模組為學生提供了一個「鷹架」(scafolding),引導學生體驗專家的思維過程,實現學生高水平的認知。「鷹架」意味著將困難、複雜的項目計劃打碎成若干個片段,讓學生能夠繼續研究相對單一的任務,引導他們通過研究相對簡單的任務,從而能夠運用他們的知識。

教師在監督學生學習過程中,可以針對學生的學習現狀適時、適量地提供一些學習指導,促使學生的學習過程能夠順利完成。

4. 資源

資源模組是一個由教師創建的有助於學生完成任務的網站連結列表,大部分連結是指與當前主題相關的其他網頁,其次還包括本地 (與 WebQuest 在同一服務器上) 的電子圖書、電子文件、電子刊物、電子郵件資訊和參考書目等。總之,資源模組會提供最新的高質量的多種樣式的資訊資源,為不同學習水平和學習風格的學生提供資訊,以此引發學生的注意,提升學生的興

趣水平。

WebQuest 資源模組提供可以便捷存取的、高質量的資訊。這讓學生較快地集中收集資訊，學生進而能夠分配更多的時間用於解釋、分析資訊。在學生利用 WebQuest 組織協作學習時，教師可以把 WebQuest 的資源分類組織，然後讓不同的學習小組閱讀不同類別的資源資訊。通過這種分配不同資訊資源給不同學生的方法，不僅可以增強學習小組之間的合作和依靠，而且也可以培養學生之間相互學習的意識。

5. 評價

在使用 WebQuest 時，學生被要求使用高級思維技能，所以有效地評價學生的工作是非常重要的。WebQuest 使用評價方案進行評價。反過來，為了發展學生的高級思維技能，評價的時候要注意以下幾個問題：學生參與評價方案的制訂、要求學生進行自我評價、學生對其他同學或協作者進行評價。

6. 結論

WebQuest 的結論部分提供機會總結經驗，鼓勵對過程的反思，拓展和概括所學知識。鼓勵學生在其他領域拓展學習經驗。即使在結論部分，學生也可以向教師提出許多問題，這些問題能幫助教師將相關知識拓展到全體學生。WebQuest 的製作是一個比較複雜的過程，而一個好的 WebQuest 是需要不斷地完善和改進的。WebQuest 的製作流程如圖 6-4 所示。

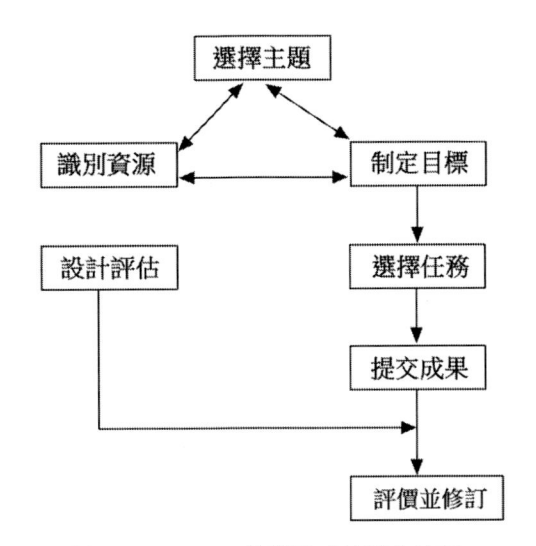

圖 6-4 WebQuest 教學模式的製作流程

案例 6-2:(主題)原子概念的形成

引言：

同學們，我們已經學習了原子的有關知識，知道原子是化學反應里的最小粒子。原子由原子核和核外電子構成，而原子核又由中子和質子構成。那麼同學們知道人類是如何認識到原子的存在的嗎？在人類認識原子的過程中都有哪些科學家起到了積極的作用呢？那麼，去完成下面的任務吧。你將會對人類如何認識世界，以及科學的世界觀和原子的內部結構有更深入的瞭解。

任務：學生 6 人一組，每組可以分別選擇古代原子理論和現代原子理論為任務的主題，每人分別收集以下有關資料。

1. 該時代流行的原子理論的代表人物。

2. 該代表人物的主要思想。

3. 對該主要思想的歷史貢獻和歷史局限性進行評價。

收集完資料後，你們要以組為單位一起完成以下任務。

1. 把你們收集到的資料融合在一起，並列出重點，利用 Power Point 製作一個以小組選擇的人物為主題的演示文件。

2. 每組在班上展示該演示文件，時間為 6 分鐘。

3. 每人書寫一篇 100 字左右的研究認識。

過程和資源：

首先，小組內部 6 個人進行商討，選擇這次活動的主題，選定主題後，必須分配工作。可以根據以下步驟去完成任務。

1. 收集和整理資料每人需要分別收集古代或近代原子理論的資料，並把有用的資料記錄下來。

(1) 負責古代原子理論項目的同學，可以瀏覽相關網頁。

(2) 負責現代原子理論的同學，可以瀏覽相關網頁。要細心地把自己的資料記錄下來，並且保存在確定的位置。

2. 製作演示文件可以根據下列建議來製作演示文件。

(1) 標題 ———原子理論的代表人物的名字。

(2) 該代表人物的主要思想。

(3) 該思想的歷史貢獻和歷史局限性。

(4) 對我們的啟迪。

當然，為了更好地展示和豐富演示文件，你們可以充分地選擇和你們的主題有關的資料。

3. 成果展示

利用你們製作的演示文件，在班裡向其他學習小組做一個 6 分鐘左右的口頭匯報。一定要注意彙報時闡明你們的觀點以及在活動中每個人的作用。

4. 書寫報告

每個人寫一份 100 字左右的報告。報告的內容為這次活動中你最大的感受，可以是人類認識世界的過程的複雜性，也可以是在該活動中的收穫。

5. 評價

演示文件製作和演示的結果由同學按下面評分准則自評。評價表格包括：演示文件製作 (40 分)、演示 (30 分) 和書面報告 (30 分)。(評價表略)

6. 結論

在這個活動後，相信大家對原子結構有了更深一步的理解和認識。除了

這些知識的掌握，我們還練習了對資訊的搜索和分析的能力，運用資訊技術展示的技巧，並在分組的合作里培養合作精神以及溝通技巧。尤其可以體會到人類認識世界的艱巨性和複雜性，從而培養我們正確認識學習過程的艱巨和反復。

四、基於網路協助的化學學習模式

網路技術是雙向交流模式的代表媒體。網路提供了海量的知識資源、龐大的智能資源，為探究學習方式提供了極佳的交互手段。而這些特點，是其他媒體、其他手段所無法比擬的。在基於網路的學習中能夠實現課堂結構的要素的轉變：學生地位的轉變、教師角色的轉變、媒體作用的轉化及教學過程的轉化。基於網路的化學探究式學習模式較好地體現了現代教育觀念的未來發展趨勢。網路環境下化學課堂教學模式有以下幾種。

1. 資訊加工型

資訊的收集、整理、分析(排序、重組或變換)和存儲的能力統稱為資訊能力。網路時代的資訊以其光的速度、爆炸式的資訊量、雙向多元化結構和個性化的傾向等特點區別於任何一個時代。我們把這種著重培養網路技術環境下的資訊加工能力的教學模式叫資訊加工型網路教學模式。多媒體電腦和網路通信技術可以作為建構主義學習環境下的理想認知工具，能有效地促進學生的認知發展。

例如在「酸雨及其防治」這一課時的教學過程中，在教學情境的創立過程中可以按以下的順序整理網路資源：①本市酸雨情況以及中國的酸雨分布和污染情況；②酸雨的危害；③酸雨的形成原因；④酸雨的防治方法。將與其有關的網站網址、網頁連結盡可能多地收集起來，按照知識點的順序和邏輯性分類歸納，然後提供給學生，讓他們充分地瀏覽、學習以達到教學的目的。

在「環境污染」的教學中，可以在教學平台中設置一個網點搜索引擎，讓學生通過「環境污染，水污染，大氣污染」等關鍵詞進行搜索，在眾多網址中去篩選，分析歸納出與環境污染課程的學習目標相關的結論。學生們搜索到的主要是大量的網頁資訊，圖片資訊以及一些與環境污染有關的化學研

究等。學生瀏覽感興趣的內容，並複製自認為較好的內容，粘貼到 BBS 上供大家閱讀。教師在整個過程中巡視、指導，並且在最後的歸納中，有意地將學生搜索到的資料進行總結和歸類，最終建立環境污染的知識框架。學生通過上網瀏覽，對環境污染的知識由傳統教學的被動接收變成主動探究，大大提高了學習效率。

2. 交流互動型

教學過程是一個與自然相似的，需要與外界不斷交流、交換物質、能量和資訊的過程。超媒體的特性，使得課堂教學成為一種非線性的開放系統。老師與學生，學生與學生，老師與網路教學課程，學生與網路教學課程，老師與網路教學的環境，學生與網路教學的環境等都存在著相互的作用。通過人機、人人(教師與學生、學生與學生)交流，教學互動，形成自組織。老師、學生、網路教學課程、網路學習環境多方面相互作用，在教學活動中建構知識。

在許多課程中都可以採用交流互動模式。如在「化學平衡移動原理」的教學中，首先提出一個基本的學習目標(即化學平衡原理的理解和應用)，結合前面學習的濃度、壓強、溫度的知識，來組織完成相關知識的復習和鞏固，然後討論、交流得出平衡移動原理。對於其中壓強對平衡影響的一個問題，首先在學生中激起爭議，引發思考，再通過動畫演示，給出正確答案，使得學生繼續交流、討論來研究為什麼會這樣。在題目的反饋中，用設立投票欄的形式給出選擇題，讓學生在沒有交流的情況下首先選擇自己認可的答案，並且當場統計結果。然後給出時間讓學生討論、研究，再重新投票。最終再由教師給出正確答案。這樣不僅實現了學生之間的互動，也實現了人機互動，教師和學生的互動，使得教師很容易地掌握全體學生的理解情況，同時也保證每個學生都在應用課件進行活動。

3. 探索研究型

隨著知識更新過程的加快，出現了既重視系統科學知識，又重視學生自己活動學習的教材結構───發現學習式的教學模式。這種模式要求有能反映最新科學成果的教材，主張經過發現進行學習，要求學生利用老師和教材所提供的某些材料親自去發現應有的結論和規律。

在網路教學過程中，我們把利用網路技術和網路教學資源來創設課題，建立假說，並將網路提供的化學及相關學科研究資料、歷史背景和最新動態等，用於推測答案、做出結論的教學模式叫作探索研究網路教學模式。

例如在「合成氨條件的選擇」的教學過程中，首先我們提出一個關於合成氨條件的課題，讓學生根據合成氨反應特點，提出所有可能的合成條件，而不管這種條件是否可行。然後讓學生通過網上查詢合成氨的工業流程、需要的條件等相關資料，再與自己所提出的假設進行對比驗證，來最終確定合成氨所需要的條件。學生經過查找、分析、判斷和加工網上、書本以及各種可能的管道來的資訊，並且經過獨立思考、協作討論，才能夠得出自己的結論。總結時可以提出合成氨條件選擇的各種支持材料和一些最新的研究成果等，來說明科學理論的相對性和科學研究的無止境。讓學生學會科學研究中的分析歸納和推理的方法，樹立科學的精神。

4. 自主學習型

「現代教育技術就是運用現代教育理論和現代資訊技術，通過對教與學過程和教與學資源的設計、開發、利用、評價和管理，以實現教學最優化的理論與實踐。」因此，是否是一切為了體現學生的主體地位、為了促進學生自主學習的發展、為了幫助學生充分發展他的潛能，依據學生身心發展的規律與特點來運用多媒體、網路技術，是衡量教育技術應用是否有效的標準。

基於建構主義的以學生為中心的教學模式，在網路技術環境下的教學設計中，始終考慮以學生為中心，發揮學生的首創精神、知識外化和自我反饋。這種模式在網路教學中的應用叫「自主學習型網路教學模式」。

自主型模式對現代教育技術的理解應是建立在全面和深刻的基礎上的，即現代教育技術是建立在教學過程和教學資源的設計、開發、利用、評價和管理上的。學生的學習過程當然應以學生為中心，老師是教學過程(也就是學生的學習過程)的設計者，是教學資源的開發者，是在教學過程中資源的不斷完善者，同時又是教學資源的評價管理者。老師在教學過程中不斷完善教學的資源，學生在學習的過程中還可以參與學習資源的設計和開發。

新授課型一般可以選擇交流互動型為主的網路教學模式；交流互動型的網路教學模式在化學理論性知識的學習以及元素化合物知識的學習中都有廣

泛的應用，它可以使理論知識的學習更加生動、有趣；配以大量的實驗事實，聯繫網路資訊傳播優勢，可以使元素化合物知識的學習更加生動易懂，也更加容易掌握，而且可以讓學生自己利用資料勾畫出知識框架，加強學生對學科知識和技能的理解，培養學生具有終身學習的態度和能力。交流互動型網路教學模式的網路教學課堂要開放，絕對不能孤立於社會生活之外，要通過學習網路，充分利用網路技術的優勢並與社會生活緊密地聯繫在一起，形成真正的 CTS 化學 (化學 ─技術 ─社會)。

思考題

1. 如何理解「當前，世界各國基礎教育課程改革的基本走向和趨勢是：課程與現代資訊技術結合，賦予課程以新的內涵與時代特徵」？想一想，你需要做哪些准備來迎接這一轉變？

2. 資訊技術與化學課程整合過程中存在的問題有哪些？思考為什麼會出現這樣的問題，作為一名化學教師你怎樣解決這些問題？

3. 主題式化學教學模式的主要特徵是什麼？在設計時，是不是所有的化學學習內容都適合採用這樣的教學模式？請說明理由。你認為哪些內容適合採用這一模式？為什麼？

4. 基於任務驅動的化學教學模式在化學教學中應用得非常廣泛，請思考在這一模式中，學生和教師的角色發生了哪些變化？對學生哪方面的影響較大？你有哪些啟示？

5. WebQuest 化學教學模式和基於網路協助的化學學習模式都需要借助互聯網。然而，在很多中學，教室里是沒有網路的，或者只有一台電腦，想一想，如果要採用這樣的教學模式，你應如何進行？需要做哪些準備？請結合具體教學案例進行說明。

6. 新課程要求教師應該是課程的建設者和開發者。學了這部分內容，你能運用教育資訊技術根據具體的化學教學內容進行課程資源的建設與開發嗎？

實踐探索

　　請選取初、高中化學必修教材中的任意一節內容，嘗試採用主題式的化學教學模式、基於任務驅動的化學教學模式、基於 WebQuest 的化學教學模式和基於網路協助的化學學習模式進行教學設計，體會不同的學習內容在選擇教學模式時需要注意些什麼？設計和練習試講的過程中注意避免第一節中提到的「資訊技術與化學課程整合過程中存在的問題」。

拓展延伸

　　1. 分析教育資訊技術對化學教學的影響，並結合教材中第一節具體內容與傳統教學技術進行對比說明。

　　2. 教育資訊技術在提高教學效率方面起到了哪些積極作用？你怎麼看？它對中國的中學化學教學產生了較大影響，請思考並闡述它對化學教師基本素養有哪些要求。

第七章　發展性學習評價與中學生化學學習困難診斷

本章導學

　　本章主要介紹化學學習評價的基本功能、含義和發展性化學學習評價方法，並在分析了高考化學能力考查的現狀的基礎上，結合具體案例重點介紹中學生化學學習困難的原因、診斷方法。

學習目標

　　1. 理解化學新課程標準倡導的評價理念。

　　2. 基於教學實際情境，探討學習評價內涵的變化及新課程倡導的評價類型。

　　3. 理解並總結針對三維目標的學習評價方法。

　　4. 理解學習評價的意義，掌握測試題、成長記錄袋、活動評價等評價方式方法，根據具體內容，選擇合適的評價方法。

　　5. 能根據具體學習內容，選擇合適的診斷工具，發現學生的學習困難，並給予指導和幫助。

新課程提出了要用多樣化的評價方式對學生的學習進行評價，以評價促進學生的發展，建構起新課程體系下的學生發展性評價。化學課程標準提出，要綜合利用學生成長記錄檔案袋、活動表現評價、紙筆測驗等形式綜合評價學生的學習情況，關注學生的學習過程和成長經歷。通常教師習慣於進行考試和測驗，通過學生的及格率和平均成績來判定自己是否教得好，學生是否學得好，這樣的方式看上去既簡單又省事，同時還比較公平，沒有老師的主觀判斷成分。但是，這種評價比較適合對知識維度的評價，不適合對過程與方法、情感態度與價值觀維度的評價。在評價中，教師應綜合運用多種評價方式，並注意深度、廣度，對知識的評價要注重在真實情境中的應用。

第一節　化學學習評價概述

一、化學學習評價的基本功能

1. 定向功能

教學目標體現了社會的需要和學生全面發展的需要。化學學習評價是以教學目標為依據，判斷教學系統的功能是否實現。判斷學生學習成績的好壞，主要看學生是否有效地達到學習目標及完成教學目標的程度。這就促使師生在教學活動時，必須以教學目標為準繩，保證教學過程朝著目標指引的方向發展。

2. 鑒定功能

通過化學學習測量和評價，能夠對學生的化學學習成績做出鑒定，選拔社會所需要的人才。

3. 診斷功能

通過化學學習測量和評價，調查瞭解或驗證學生在化學學習過程中可能存在的各種問題，並診斷問題存在的原因，為制訂解決問題的策略提供依據。實際化學教學中，學生解題出錯的現象時有發生，也較為普遍。如何避免類似錯誤再次出現，進行題後反思的策略則較為關鍵和有效。多年的化學教學實踐證明，學生解題出錯的原因主要有以下幾個方面：化學知識概念性錯誤、

審題性錯誤、解題思路性錯誤和心理因素導致的錯誤等。

例 7-1　　淺綠色的 $Fe(NO_3)_2$ 溶液中存在著如下的平衡：

$Fe^{2+}+2H_2O \rightleftharpoons Fe(OH)_2+2H^+$，若往此溶液中加入鹽酸，則溶液的顏色（　）

A. 綠色變深　　B. 變得更淺　　C. 變棕黃色　　D. 不變

【解析】解答 1：忽視酸性環境下硝酸根離子的強氧化性，由於 $Fe(NO_3)_2$ 溶液中存在水解平衡：$Fe^{2+}+2H_2O \rightleftharpoons Fe(OH)_2+2H^+$，當加入 HCl 溶液時，促使平衡左移，$Fe^{2+}$ 濃度增大，原溶液的淺綠色加深，而錯選 A 項。

解答 2：因為硝酸根離子在酸性環境下具有強氧化性，所以向 $Fe(NO_3)_2$ 溶液中加入 HCl 溶液時，溶液中的 Fe^{2+} 被氧化為 Fe^{3+}，而使溶液呈棕黃色，故 C 選項正確。

很多試題的解答過程看似正確合理，天衣無縫，但仔細想來卻存在很大的漏洞。例如解答 1 就是沒有抓住問題的本質與主要矛盾，而出現錯選。作為教師就應該善於引導學生對試題的求解過程進行反思，不斷提高其思維的敏捷性與批判性，培養其抓住問題實質與主要矛盾的能力。

4. 調節功能

化學學習測量和評價所獲得的大量資訊，不僅可以用於選拔人才，還能對影響教學系統的各種因素進行協調，使之更恰當地相互配合，以利於學生學習過程的優化。

5. 激勵功能

化學學習測量和評價是對學生化學學習成果的一種鑒定與評價，能夠給人帶來精神上的滿足，也會對學生產生壓力或動力，提高師生的教學熱情，激勵他們把更多的精力投入教學活動。

6. 教學功能

化學學習測量和評價除了能夠為協調和控制教學過程提供資訊之外，本身也可以作為幫助學生達到教學目標的一種有效手段。評價的內容一般都是教學的重點，在評價過程中，學生對這些重點內容會進一步地記憶、思維、強化，從而鞏固和發展已有的學習成果。由於激勵功能的存在，教學評價的這種教學功能有時甚至比其他的教學手段更加有效。

二、發展性化學學習評價的基本含義

發展性化學學習評價，即以學生的發展為最終目的，根據化學教學的三維目標和教學原則，利用切實可行的評價技術和方式，對學生化學學習過程及預期的學習效果給予價值上的判斷。發展性化學學習評價是一種形成性評價，而不是傳統意義上的終結性評價。它強調學生作為學習的主體對自己行為的「反省意識和能力」，形成自我評價。

三、發展性化學學習評價方法

化學學習結果的測量包括：化學事實性知識的測量，化學概念和規律的測量，化學概念和規律「運用」的測量，化學系統化知識的測量，化學學科複雜習題解決、認知策略的測量，化學概念和規律習得過程的測量以及對學生態度及科學精神的考查。可以歸納為：知識、能力、認知過程和認知結構、非認知因素四大類。

一般來說，適合不同評價內容的基本方法包括以下幾種。

1. 評定學生知識習得的方法

紙筆測驗的客觀性試題適用於測試大部分陳述性知識和一部分程序性知識，主觀性試題適合考查小部分陳述性知識、部分程序性知識以及大部分策略性知識。

例 7-2　有些食品的包裝袋中有一個小紙袋，上面寫著「乾燥劑」，其主要成分是生石灰 (CaO)。

(1) 生石灰屬於哪種類別的物質？＿＿＿＿＿＿＿＿＿＿＿＿＿＿＿

(2) 生石灰可作為乾燥劑的理由是 (用化學方程式表示)＿＿＿＿＿＿＿。

(3) 生石灰還可以與哪些類別的物質發生化學反應？列舉兩例並寫出化學方程式。＿＿＿＿＿＿＿＿＿＿＿＿＿＿＿＿＿＿＿＿＿＿＿＿＿＿＿＿

(4) 小紙袋中的物質能否長期持續地作為乾燥劑？為什麼？＿＿＿＿＿
＿＿＿＿＿＿＿＿＿＿＿＿＿＿＿＿＿＿＿＿＿＿＿＿＿＿＿＿＿＿＿

(5) 在你所認識的化學物質中，還有哪些物質可以作為乾燥劑？舉例說明。＿＿＿＿＿＿＿＿＿＿＿＿＿＿＿＿＿＿＿＿＿＿＿＿＿＿＿＿＿

【解析】這道題，考查的是元素與物質的關係，以及單質、氧化物、酸、鹼、鹽之間的反應關係。它從學生身邊的現象或問題入手，讓學生解決或解釋身邊的問題，從而考查學生對知識的掌握情況。

2. 評定學生能力的方法

(1) 紙筆測驗：客觀性試題一般能考查事實性知識的記憶，對知識的理解和較複雜的思維；主觀性題目適合考查學生分析、綜合、應用知識的能力，創造能力以及組織表達觀點和寫作的能力。

例 7-3　　磷鎢酸 $H_3PW_{12}O_{40}$ 等雜多酸可代替濃硫酸用於乙酸乙酯的製備。下列說法不正確的是（　）。

A. $H_3PW_{12}O_{40}$ 在該酯化反應中起催化作用

B. 雜多酸鹽 $Na_2HPW_{12}O_{40}$ 與 $Na_3PW_{12}O_{40}$ 都是強電解質

C. $H_3PW_{12}O_{40}$、$KH_2PW_{12}O_{40}$ 與 $Na_3PW_{12}O_{40}$ 中都有相同的原子團

D. 矽鎢酸 $H_4SiW_{12}O_{40}$ 也是一種雜多酸，其中 W 的化合價為 +8

【解析】該客觀題創設了學生未曾遇到的新情境，以酯化反應、電解質、化學式、元素化合價等知識作為載體，考查學生接受、吸收、整合化學資訊的能力，知識的遷移能力和分析解決問題的能力。

例 7-4　　在軍事術語上把潛水艇在海裡的連續航行叫長行，為保證時間潛行，在潛艇里要配備氧氣的化學再生裝置。製氧氣方法有以下幾種：(1) 加熱過錳酸鉀；(2) 電解水；(3) 在常溫下使過氧化鈉（Na_2O_2）與二氧化碳反應，生成碳酸鈉和氧氣；(4) 加熱氧化汞。其中最適宜在潛艇里制氧氣的方法是哪一種？與其他幾種方法相比，該方法有哪些優點？寫出相關反應的化學方程式。

【解析】這是一道主觀題，要求學生比較、分析四種製備方法的異同點，並要求學生綜合運用所學的能源、環保等方面的知識解決實際問題，是一道考查學生運用、判斷認知目標層次的題目。

(2) 表現評定：不同於傳統紙筆測驗的評定方法的總稱，如論文題、畫概念圖、口頭報告、實驗操作、項目研究、角色扮演、作品展覽等。其核心在於學生所執行的表現任務與評定目標高度一致。表現評定通過設計一定的任

務和評分准則體現了學生任務完成結果和行為心理過程。

例 7-5　　下面是某同學研究過氧化鈉 (Na_2O_2) 性質過程中的一個片斷。

(1) 請你幫助他完成部分實驗並補全活動記錄。

活動記錄

觀察：過氧化鈉的顏色、狀態：＿＿＿＿色，＿＿＿＿態。

預測：從組成上分析，過氧化鈉為金屬氧化物，可能會與水、二氧化碳反應生成鹽。

實驗內容	實驗現象	解釋及結論
取一支小試管，向其中加入少量過氧化鈉固體，然後加入少量蒸餾水，反應後再向其中滴加酚酞溶液。		
你觀察到什麼現象？應怎樣繼續實驗？		

結論：①過氧化鈉與水反應生成＿＿＿＿＿＿＿＿＿＿＿＿＿＿＿＿＿＿。

②通過比較過氧化鈉與其他曾經學習過的金屬氧化物的性質，發現：＿＿

＿＿＿＿＿＿＿＿＿＿＿＿＿＿＿＿＿＿＿＿＿＿＿＿＿＿＿＿＿＿＿。

(2) 這位同學是按照怎樣的程序研究物質性質的？＿＿＿＿＿＿＿＿

(3) 在上述過程中，他用到了哪些研究物質性質的方法？＿＿＿＿＿

【評析】該題不是考查過氧化鈉的性質，在做此題之前，不要求學生已經學習了過氧化鈉的性質。該題重點考查的是研究物質性質的方法和程序，要求學生運用實驗方法研究物質的性質：觀察實驗現象，總結得出結論，提出新的問題與假設，設計簡單實驗方案。通過對學生雖然知道但未系統學習的物質的性質探究，考查相關的知識和過程方法，使學生對這個物質的性質有較多的瞭解。這種題目既是評價活動，又是學生獲得知識的過程，綜合性

較強。

例 7-6　關於科學態度的辯論。

正方：只有科學才是人類的救星。

反方：科學固然有其價值，但不是人類的救星。

(1) 提前一周告訴學生討論的話題，鼓勵他們思考這個話題，並閱讀一些有關結果推論的內容，以便形成一些個人的結論。

(2) 在學生進教室之前，把這個主題清晰地寫在黑板上。(3) 要求學生坐在能夠反映他們觀點的那一方。

(4) 由一個學生自願做小組主席，確保所有的學生都有機會發言，並且要求辯論在雙方之間輪換進行。

(5) 鼓勵學生簡單明瞭、富有條理地發表見解，以保證所有的學生都能夠發表他們的觀點。

(6) 教師要和學生在一起，要選擇一方，並參與到他們的討論中，支持選擇的那一方。

【分析】這項活動的評價可分兩步進行。在材料準備階段，可以對學生獲取和加工資訊的能力、參加活動的態度進行評價；在正式辯論中，可以對合作態度、口頭表達能力和參與意識等進行評價。通過辯論，學生不僅加深了對知識的理解，同時鍛鍊了各項技能，獲得了各種技巧。更為重要的是學會了與人合作的積極態度。

(3) 檔案袋評定：可以看作是一種特殊的表現評定，通過學生的各種有形作品，如文字、圖畫、錄音、錄像、實物來展現學生的學習表現，能夠較真實、完整地表現學生的能力甚至人格特徵。隨著資訊技術的發展，很多地區已經建立了電子檔案袋。

例 7-7　健康與智慧是幸福的兩大要素。請列舉事實說明化學科學在提高人類生活質量和促進社會發展中的重要作用。

【評析】學生要較完整地回答這道題，就必須查閱資料，並結合所學的化學知識對資料進行分析，才能加以闡述。本題側重考查學生解決問題的能力，並滲透了對情感、態度、價值觀維度的評價。

例 7-8　化學對人類做了巨大貢獻，化學品和化學過程也給人類帶來了災難。有人甚至認為，化學是「有毒」「污染」的代名詞。請談談你的看法。

【評析】本題側重考查學生對化學學科為人類社會的發展所做貢獻的全面認識。

上述兩道題具有一定的開放性，教師可以組織學生進行交流，並指導學生將相關作業裝入學習檔案。

例 7-9　小明的一份化學學業成長檔案袋。

前言：

為評價小明在《身邊的化學物質》一章的探究活動中的表現，化學老師和小明一起收集了與本章有關的材料、圖片、簡報，具體內容如下。

作品記錄：

1. 收集到的有關化學物質的資料。例如：新聞和科技動態簡報、圖片、照片、實物等。

2. 學習空氣、水與溶液、金屬、生活中的化合物等內容後，對這些物質及其社會生活關係的認識。

3. 學習有關氧氣、二氧化碳氣體的探究活動資料。

4. 對當地污染狀況的調查和防治污染的建議。

5. 對化學在空氣污染的形成與防治中的作用的認識。

構思探究過程記錄。

……

評價記錄：

1. 小明對自己學習狀況的評價（包括基礎知識、實驗設計與探究活動情況等），有待改進的問題和設想。

2. 教師、同學、家長對小明收集的作品特徵和存在的優缺點提出的評價、建議。

【評析】學生的學業成長檔案袋是學生進行自我評價和師生間進行相互評價的重要依據。一般來說，檔案袋中可收集、記錄的內容有：作業的樣本、

自我總結、探究活動的設計方案、過程與成果、自己的學習方法和策略、活動報告、自編的故事、手工製作、攝影作品、自己的反思及他人的評價等。學習檔案評價重點應放在培養學生自主選擇和收集學習檔案內容的習慣，給他們提供表現自己學業進步的機會。

3. 評定認知過程和認知結構的方法

(1) 概念圖評定：一種測量學生個體知識結構和組織的方法。已有研究發現，概念圖的成績與傳統測驗成績存在相關性。這種評定方法很適合學生在探究學習或自主研究學習活動中運用。

例 7-10　請用圖式的方式表述原子結構、元素週期表和元素性質三者的關係。

【評析】本題是考查學生在學習原子結構知識後，對「構—位—性」三者關係的提升。學生對原子結構的認識建立在量子力學的基礎上，對原子結構和元素週期表的關係有了更接近本質的認識，對原子結構和元素性質的關係也從定性認識發展到定量的認識。可在本章的復習課上讓學生繪製並展示自己的概念圖，讓學生相互交流自己的心得體會，教師對學生的表現做出及時的評價，並將學生的作品收入檔案袋，作為學生學業評價的一部分。

(2) 思維報告法：要求學生不僅說明問題、假設和數據本身，還能夠說明為什麼這樣設問、假設和分析數據等，展示學生的思維過程，使評定者能夠瞭解學生對知識的理解。

4. 評定學生非認知因素發展的方法

(1) 直接觀察法：分為量化研究取向的非參與觀察法和參與觀察法，質的研究取向的參與觀察法。其中，參與觀察法要求評定者成為觀察對象的一員，親身參與到觀察對象的活動中。

例 7-11　酸鹼中和滴定實驗中學生的實驗能力。

教師可通過觀察來判斷學生的化學實驗操作能力。酸鹼中和滴定是高中階段非常重要的定量實驗之一。在該實驗中，教師可以在以下幾個方面進行觀察，對學生的操作能力進行評價。

(1) 滴定管或移液管是否先用蒸餾水清洗多次？

(2) 滴定管或移液管是否用標準液或待測液潤洗幾次？

(3) 滴定前是否把滴定管或移液管中的氣泡趕盡？

(4) 滴定前是否記錄液面刻度讀數？

(5) 是否準確地讀數？（視線與凹液面最低點相切）

(6) 滴定操作是否正確、熟練？

(7) 滴定時眼睛是否緊盯著錐形瓶內溶液的顏色變化？

(8) 接近滴定終點時，滴定管中的標準液放出速度是否放慢？

(9) 指示劑變色控制得如何？

(10) 是否記錄滴定終點時的液面刻度讀數？是否準確讀數？

(11) 第二次滴定時，是否將滴定管中的標準液注滿？

(12) 是否進行了至少三次的滴定操作？

【評析】由於被觀察者出於自然狀態，其行為、情緒等都不受到外界的干擾，所以反映的資訊比較真實。當然，觀察者的情緒、態度和水平都會直接影響觀察效果，也必須要有持續性和連續性觀察才能得到可靠的資訊，評價者應充分考慮到這種方法的局限性。

(2) 訪談法：使用訪談法的關鍵是訪談者和被訪談者的交流互動。

(3) 評語：常用來評定意見，而且本身就是對學生的一種教育。

(4) 評定量表法：以觀察為基礎，經過長期多次觀察，由教師對學生的某種行為或特質做出評價。

(5) 自我評定法：利用自陳量表 (Self-Report Inventory) 進行自我評定。自陳量表是一個問卷，要求答卷者對問卷中符合的情況作答。

第二節　化學學習困難的診斷

學習困難 (Learning Disability，簡稱 LD) 是對學習不良，或學習障礙、學習無能、學習失能的一種稱呼。一般認為：學習困難學生是指智力正常，但學習效果低下，達不到國家規定的課程標準要求的學生。這些學生的感官和智力正常，而學習結果卻未達到教學目標。這一定義包含了三層含義：①學

習困難學生最顯著的標誌是學習成績長期而穩定地達不到課程標準所要求的水平；②學習困難學生身心的生長發育處於正常範圍；③學習困難學生之間存在差異。這種學習困惑是可逆的，在一定的補救教育條件下是可以轉化的。這類學生在學習上表現為：上課不認真聽講，對於課堂的提問、討論基本不參與，不做課後作業，有時甚至擾亂課堂紀律，學習成績不及格等。

一、中學生化學學習困難的原因分析

事實上，學生化學學習困難不是由智力落後、感官障礙、缺乏學習機會等因素造成的。化學學習困難的學生智力正常，雖然化學成績落後或成效低下，但從其智力水準預測上分析，化學學習水平可以提高。此外，化學學習困難是指化學學習過程中某一階段的狀態，而不是依據最終的結果做出的判斷與評價。因此，通過教師的指導和學生的努力，化學學習困難是可逆的或基本可逆的。不同學生的化學學習困難程度不等，成因不一。有特定章節、特定化學概念的學習困難，也有特定時期的學習困難，以及整個化學學科的學習困難。

化學學科是一門概念性、理論性、抽象性、結構性、實踐性和思維性很強的學科，從國中到高中這種特性更顯著，學習困難會越來越大，高一階段是一個重要的分化期。化學學習困難是學習困難的一種亞類型，表現在化學領域的學習困難主要包括化學用語書寫困難、「已知」儲備不足、概念錯誤、知識遺忘、知識表徵不完整、知識組織程度低、問題解決能力較差、認知結構缺陷、元認知能力低下以及空間思維困難等，其中問題解決能力較差、認知結構缺陷和元認知能力低下表現尤為突出。

關於化學學習困難的原因，除社會因素和家庭因素外，還有化學學科因素。化學是一門以實驗為基礎的科學，同時它又是一門理論科學。化學學科與其他學科相比較主要有以下幾個特點：①以實驗為基礎；②化學基本概念和基礎理論比較集中，並以基礎理論為指導，揭示物質及其變化的規律；③化學用語是化學特有的工具，要求記憶和熟練運用化學用語；④化學學科中蘊含著豐富的辯證唯物主義觀點等特點。化學學科的這些特點引起的學習困難主要有以下幾點。

(1) 化學知識「深」。這是指化學理論知識比較抽象、深奧，學生不易掌握它的內涵、實質。高中教科書與國中教科書相比，深度、廣度明顯加深，由描述向理論方向擴展的特點日趨明顯，知識的橫向聯繫和綜合程度有所提高，化學語言的抽象程度劇增，升入高中的學生一下子接觸氧化還原反應、物質的量、電子雲、原子結構、化學鍵和離子反應等概念群，其抽象思維缺乏必要的感性認識基礎，導致不少學生難以得到學習成功的體驗，對化學學習產生畏難心理，影響其學習自信心。

(2) 知識點內容

「雜」。高中化學知識組塊和產生式系統繁多。學生普遍感到細枝末節的知識點多，頭緒繁雜，容易遺忘。

(3) 化學概念「混」。這是指對若干化學問題的區分點把握不准，分辨不清，學生往往將似是而非的問題相互混淆。化學學習相近、相似、相關聯的知識諸多，經常受到前後知識的干擾，如電離與電解，置換反應和取代反應，同位素、同素異形體、同系物、同分異構體等概念之間的相互影響。對「氧化還原反應」概念的學習，國中階段的外延比高中階段的外延要小得多，舊有概念對新的概念的學習也會形成不利的影響。與其他學科相比，化學學科最大的劣勢在於知識體系不夠完美，顯得分散、零碎。

(4) 化學規律「特」。這是指許多化學規律普遍性中存在特殊性，一般規律中有特例，學生容易出現以偏概全的錯誤。例如：任何酸酐都是酸性氧化物；原子晶體的熔點一定比離子晶體高；在晶體中只要有陽離子就一定有陰離子；構成分子晶體的粒子一定含有共價鍵。上述結論的錯誤在於漏掉了特殊性的存在，像上述這種「規律性」與「特殊性」的矛盾現象在中學化學中是較普遍存在的，並且較多的「特例」在中學化學階段不能從理論上給予圓滿的解釋。這種現象的存在，實際上是事物「共性」與「特殊性」的反映，要正確地認識這些知識必須要求學生在化學學習過程中辯證地認識、分析問題。研究表明，中學生的辯證邏輯思維能力還相對較差，正處於發展之中。在實際的學習過程中，他們往往難以辯證地看待事物，最容易犯「片面性」錯誤，這正是中學生心理特點的具體體現。在分析問題時，他們常常強調「規律性」時忘了「特殊性」的存在；當看重事物這一方面時就忽略了事物的其

他方面，所以學生經常感到化學似乎無規律可循，難學難掌握就不足為奇了。

(5) 化學知識記憶量大。在中學化學中，需要記憶的知識點特別多，除了化學用語、化學概念及原理、化學變化規律、物質的化學性質及其重要的物理性質外，還有較多的實驗現象、實驗技術等均需要學生記憶，其記憶量之大可想而知。其中僅有小部分知識可以通過規律、理論的掌握與運用來實現記憶，大部分的知識如元素化合物知識、化學用語、一些重要的實驗現象等零散、繁雜、相互聯繫相對較少的知識，則不能完全依靠規律、理論的掌握來實現記憶。而在中學化學中，元素化合物知識、化學用語就其知識量而言，約佔教材內容的 3/5，這些知識掌握、運用都是以記憶為前提的。研究表明，需要記憶的材料愈多，要達到同樣識記水平所用的時間也愈多，其難度也愈大。同時孤立的記憶往往難以調動學生的思維積極性，並容易使學生產生「枯燥」感，其記憶的知識也很容易遺忘，而記憶知識的快速遺忘會給後續學習造成較大的困難。

(6) 許多化學知識游離於宏觀與微觀之間，形成認知跨度，造成學習困難。中學化學的許多知識游離於宏觀與微觀之間，例如，對宏觀實驗現象的觀察分析必然抽象出某種物質的性質及某種規律，這些性質或規律又可以用物質結構等基本理論來解釋 (或從中推理出基本概念和基本理論)。儘管化學知識體系由於不夠完善而顯得分散和零亂，但絕大多數的知識點並不孤立和單一，的確具有內在聯繫。學生的認知過程要在宏觀和微觀、外顯和內在之間完成跨越。每一個邏輯程序是完成認知程序的必要環節，中斷一個環節就會造成局部的認知障礙甚至思維障礙。

例 7-12　物質熔 (沸) 點的教學，大體環節是：晶體的組成粒子在固定位置附近振動→是由於粒子間相互作用的結果 (化學鍵或分子間作用力)→升高溫度使粒子獲得能量而相互間距離增大，作用力減弱→到一定溫度掙脫原作用力束縛而相對自由運動謂之熔化 (昇華)，此溫度就是熔點 (舉一反三可以解釋冷卻結晶的溫度謂之凝固點)→粒子間相互作用越強，熔點越高→相互作用力與化學鍵鍵能或粒子間作用力大小有關→溫度是鍵斷裂或掙脫粒子間作用力需要的能量的外顯數據。

每一個環節就像一個知識階梯，遵循規律設置知識階梯，有助於學生克

服認知障礙，降低認知難度。

(7) 化學學習中的「迷思概念」多，學生難以把握。學生總是以已有的知識經驗為基礎來建構對新知識的理解，不同的學生對同一概念可能會有不同的理解。在學習中學生可能記住了科學概念的定義，但並沒有真正理解概念的實質，存在著一些模糊甚至是錯誤的認識。我們把學生頭腦中存在的與科學概念不一致的認識叫作「迷思概念 (Misconception)」。迷思概念的存在會影響學生對新概念的正確理解，從而造成學生學習困難。

中學生走進課堂時，他們的頭腦中就已經充滿了對化學現象的各種認識，形成了許多迷思概念。概括起來，學生頭腦中的化學迷思概念主要來源於以下幾個方面。

①生活經驗。學生在日常生活中，通過直接觀察和感知從大量的自然現象中獲得了不少化學方面的感性知識，例如對燃燒、溶解、金屬生鏽等一些宏觀自然現象的觀察以及對物質結構、物質的粒子性等微觀世界的認識中獲得了大量的感覺印象。

②日常語言。這是迷思概念的另一個主要來源。例如「催化」這個詞容易使人認為只是加快反應速度，而導致對「催化劑」概念的片面理解；「綠色化學」「白色污染」容易使學生認為是「綠色的化學」「白色塑膠的污染」，難以理解其真正的含義。

③社會環境。在與他人的交流中，學生會接觸到大量的科學知識或經驗，大眾媒體也會給學生提供廣泛的資訊資料。儘管從科學觀點來看，這些知識並不總是正確的，但這些來源可能比學校科學教學有更大的影響力。例如某媒體曾這樣報道：「一種名為分析純的化學試劑」，文中不僅把表示物質純度的等級術語「分析純」看作是一種化學物質，還介紹說「分析純是一種易燃易爆的化學物質」。這樣的資訊就使學生形成錯誤的化學概念。

④教師和教學。研究表明，教師擁有大量的自然科學領域中的迷思概念，當教師的迷思概念和學生的知識經驗相互作用時，學生理解科學概念就變得更加困難。在教學中，有時由於教師的教學語言不夠嚴謹或者教材提供的實例不夠全面，也常常導致新的迷思概念或強化學生原有的迷思概念。例如：國中化學將氧化反應定義為「物質跟氧發生的化學反應」，但由於教材中提

供的實例僅限於物質跟氧氣的反應，學生往往把「氧」理解為「氧氣」，導致學生概念理解不全面。另外，在學校教學中各學科內容之間缺乏協調，對同一問題說法不一，也會導致學生的迷思概念。例如，學生在初二物理課本上接受的概念是「物質都是由分子組成的」，這就給初三化學「物質是由分子、原子、離子組成的」的學習造成困難。

⑤不當的類比。類比是推理的一種重要方式，是人們認識新事物或做出新發現的重要思維方式。學生在學習一些化學概念時運用類比思維可以得到很大幫助，例如可以借助物理學中的「速率」的概念來類比理解化學中「反應速率」的含義。但若不恰當地用其他概念來類比推理一些化學概念時，會導致錯誤的結論，不僅不會引導學生順利實現化學概念的理解，有時會造成更大的理解困難。比如學生在理解「化學平衡」時會把這一概念與力學中的「受力平衡」進行類比，認為所謂化學平衡就是指反應物和生成物的物質的量濃度都相等的狀態。

正是由於化學學習中迷思概念來源廣，導致學生對很多化學概念難以把握或錯誤理解，造成化學難學。

二、中學生化學學習困難的診斷方法

化學學習困難診斷是靈活運用各種「望、聞、問、切」診斷方法進行綜合分析的過程，是一個貫穿教學的動態過程。教師的診斷能力是在長期教學實踐基礎上形成的，在方法運用次序、運用環境設置、綜合歸因分析上都體現了其診斷能力水平。

(1) 作業診斷。這是教師診斷化學學習困難學生 (以下簡稱化學學困生) 指徵的最主要方法。要通過習題訓練瞭解學生知識、技能和能力狀況，尋找學習障礙的原因。習題的設計應體現層次性和診斷性，而且讓學生根據自己的能力和興趣自主地選擇習題內容及數量，將作業的選擇權交給學生，從而實現作業的彈性化。幫助學生分析錯誤的原因，使其掌握正確的方法。

例 7-13 「硫的轉化」練習題。

通過本節內容的學習，你對硫元素家庭有了哪些認識？硫單質、二氧化硫、硫酸都是硫元素的核心成員，它們之間可以相互轉化。

(1) 表示它們之間的轉化關係，寫出主要反應的化學方程式。

$$S \quad SO_2 \quad SO_3 \quad H_2SO_4$$

(2) 用簡潔的語言描述它們的主要性質和用途。

(3) 除它們之外，對於硫元素家庭的成員，你還知道哪些？列舉 3 例。

(2) 成績診斷。考試本身就是對能力與知識的診斷，試卷本身就具有診斷問卷的性質。將化學單科考試成績處於後三分之一的學生列為診斷對象，尤其要把連續三次成績均在後三分之一的學生列為重點對象。不但要依據診斷對象試卷來做題型類別的結構指徵診斷，而且要參考多科成績做其他指徵診斷。

(3) 興趣診斷。「興趣和動機是推動學生自主學習的內在因素」，可以通過化學興趣實驗活動、化學知識競賽活動的自主報名情況、精力投入情況來進行診斷。主要診斷哪些學生對化學學習只是任務性學習而非追求性學習，診斷哪些學生對化學缺乏學習動力，哪些學生雖具有動力卻存在結構、方法方面的問題。

(4) 觀察診斷。觀察診斷是教師在不引起診斷對象注意的情況下，在一段時間內對其相關指徵進行有意觀察。主要對其意志力(注意力)指徵表現、情緒指徵表現、學風指徵表現等進行觀察。

(5) 問卷診斷。這是教師對所任課班級普遍進行的一種指徵診斷材料收集的方法。其關鍵在於，問卷設計要科學而有針對性，問題要設計巧妙和目的要隱蔽，防止「傻瓜式」設問。問卷結束後，不需要給學生講解問卷設計與目的，以保證可在多班級和多年級連續使用。

(6) 訪談診斷。這是指教師通過對診斷對象家訪、對其親近同學進行訪談來進行相關指徵考察。這種方法要在鼓勵性情境創設條件下進行，要在對提問進行隱蔽設計後實施。

(7) 面談診斷。主要是針對「化學學困生」診斷對象進行，通過當面直接交流，獲取相關指徵材料。在面談前，教師通過其他診斷方法已經有較為充分的準備，要準備面談提綱。可分為正式面談和非正式面談，具體形式可依據學生特點而定，但教師需以不傷學生自尊和保守秘密為前提，要讓學生在

感受到關心和幫助的情境下進行。

(8) 特長診斷。這是指教師對「化學學困生」診斷對象進行瞭解，以掌握其化學學習中最佳表現和優勢指徵。這些「化學學困生」的化學特長指徵，將在面談診斷、訪談診斷以及實施個別糾正時作鼓勵工具使用。

(9) 提問診斷。包括教師所做的個別針對性提問、群體競答式提問、思維連續追問，也包括學生求助式提問，不同的提問方式所採集的診斷指徵不同，但提問應該要具有明確的針對性，更要注意隱蔽設計和尊重原則，通過對學生提問分析，可以診斷其認識結構所存在的具體缺陷。

三、化學學科學習困難的診斷與補救案例

學生的化學學習困難問題如果不能得到及時有效的干預，會加重其學業負擔和心理壓力，不利於其全面發展。針對化學學困生的心理特徵，主要可從心理特徵加強教育和加強心理輔導與治療兩個方面進行干預。從學科的角度可以從以下幾方面進行補救。

1. 實現由迷思概念向科學概念的轉化

在學習化學之前，學生的頭腦中並非一片空白，而是已經存在著各種各樣的「迷思概念」，也就是說，他已經具備一種原始的認知結構。在學習化學時，他是以這種原始的認知結構來構建他對新知識的理解的。當新知識與原有構想相符時，他會很容易地理解並接受，納入認知結構，順利完成認知結構的同化過程。當新知識與原有構想矛盾時，則必須經過認知結構的順應才能接納新知識，而實現順應是有條件的，也是相當困難的。如果不能察覺學生的這種困難處境，採取有效的方法促成其認知結構的順應，而只是按教師自己的思路或知識邏輯進行灌輸式的教學，學生會感到困惑且無所適從，或只能發生機械學習，從而導致「兩層皮」的學習結果。

要使學生放棄他曾深信不疑的觀念，接受一種全新的觀念，將是一個困難的過程，有時甚至會出現反覆。教師可以按下述三個步驟來幫助學生實現觀念的徹底轉變。

第一步，誘導學生暴露其原有的概念框架，包括結論、例證、推論等，並在適當的時候提出矛盾，給予其原有的錯誤的理論框架沈重的一擊。使學

生暴露觀點的方法很多，例如，可以用師生談話法，預測－實驗－解釋法，也可用精心設計的診斷性題目，事先瞭解學生原有的概念框架。要運用延遲評價的原則，即待學生的所有觀點都充分暴露後，再提出矛盾，以免暴露不完全，解決不徹底。

第二步，組織討論，乃至爭論，揭露原有的概念框架的不合理性，從而使學生自願放棄舊的觀念。這種變化絕非輕而易舉的，只有在學生意識到以下幾種情況時，才能放棄原概念框架。

(1) 遇到新的問題，原有的概念框架無法解釋，無力解決。

(2) 過去認為很重要的某些知識，現在看來，在解釋某些現象時，已不再是必要的了，或者說，原來的概念框架並不是某些現象的最終原因，可能有更根本、更深刻的概念來取代之。

(3) 發現原來的概念框架在某些方面違背了常理或已被公認的原理。

(4) 從原概念框架推出的結論是荒謬的，無法接受。

(5) 原概念框架與其他有關領域的知識相衝突。第三步，引導學生接受(或嘗試建立)新的概念框架。這種新的概念框架必須具備以下優越性，學生才可能接受。

(1) 能夠成功地解釋原概念框架無法解釋的現象或問題而不帶來新的矛盾。

(2) 新概念框架比原概念框架包含了更本質的內容。

(3) 新概念框架及其推論是合理的，可以接受的。

(4) 新概念框架與認知結構中的其他知識沒有衝突。上述三個步驟是緊密聯繫的，不能截然分開。對某些概念的轉化，不一定需要如此複雜的程序，但要體現概念教學過程的精神。下面以高二「化學反應速率」為例，談談運用上述方法進行教學的問題。

例 7-14 「化學反應速率」概念轉變的教學方法。

在化學平衡、化學反應速率的體系中，化學反應速率是最基本的化學概念，對「反應速率」的概念有一個比較清晰的認識，對於學生建構整個化學平衡體系具有十分重要的意義。

在學習「化學反應速率」前，學生已經學習了化學中的宏觀物體運動的速率，並且剛剛從日常生活中的速度(向量)轉變為速率(純量)，在學生頭腦中往往已有了關於「位移」「距離」「時間」「加速度」等概念的存在，這就是所謂的「速度」的概念存於意識中的圖式。當教師引入「化學反應速率」的概念時，首先必須非常清楚地認識到學生頭腦中這些原有的認知與知識對學習新知識的影響；其次，通過對比實驗，直觀地(反應過程中溶液顏色的變化等)展現化學反應過程是有慢有快，然後可以借用現代多媒體技術，製作、模擬微觀粒子在化學反應過程的微觀過程(碰撞原理)，這時的微觀粒子的運動參數(速率、位移等)將被原有宏觀的圖式同化。最後可以通過學生再一次把自己的原概念(宏觀的速率)與新概念(化學反應速率)對照比較，讓他們發表看法，相互討論。這樣經過多次的「通達」，就從原有的「速率」過渡到「化學反應速率」，形成了正確的「化學反應速率」的概念。

【評析與拓展】迷思概念的存在，對於學生建構自身的知識結構，形成正確、科學的概念所造成的負面作用不可忽視。因此在日常教學中，教師應該有意識地規避和減少迷思概念，發現學生頭腦中那些不全面的，甚至是錯誤的概念，採用適當的教學策略更好地幫助學生將這些錯誤概念轉變為科學概念，促進學生正確理解知識，減少學生的學習困難，可以從以下幾個方面入手。

(1) 突出概念本質屬性，促進概念理解。

化學概念和知識來源於客觀現象和事實，是對化學本質特徵或共同屬性的正確反映。概念中的關鍵字詞規定著概念的內涵及使用範圍。學生只有把關鍵詞語的真實含義弄清楚了，才會對所學概念有深刻的理解。例如在學習「電解質」概念時，「水溶液」「熔化狀態」「能導電」和「化合物」等關鍵字詞，即可勾勒出電解質概念的特徵資訊，學生通過辨別、提取和概括，即可將「能導電的單質(如金屬單質)」「溶於水形成另一種化合物溶液的物質(如 SO_2、CO_2、Cl_2 等)」之類的干擾因素排除在外。剖析概念中關鍵詞語的真實含義、突出概念的本質屬性有助於學生理解概念的內涵和外延，有效避免迷思概念的產生，及時消除學生已有的或新生的迷思概念。

(2) 注重概念之間的聯繫，避免模糊概念。

化學概念不是孤立的，總是處於與其他概念的相互聯繫中。弄清概念間的關係，對於學生更深刻地把握概念的內涵與外延、辨析概念間的區別與聯繫、避免模糊概念尤為重要。在教學中注重概念之間的聯繫，使學生在知識的相互聯繫和區別中獲取正確資訊，培養學生編織概念網路的能力，使概念間的相互聯繫形成多點交叉的網路結構，有助於學生發散思維的形成和建構自身知識體系。

(3) 充分利用學生已有知識，幫助學生建構新知識。

建構主義學習觀認為：學生基於自身與世界相互作用的獨特經驗去建構自身的知識並賦予經驗以意義。經過「同化—順應—同化—順應……」的循環往復，他們的認知水平不斷得到提高。新資訊被同化是在舊有知識的基礎上進行的，是量變的過程。充分利用學生已有知識在同化的量變積累上獲得順應的質變，有效避免迷思概念。

(4) 合理利用教育技術，使概念的呈現更直觀。

在化學教學中，化學研究對象從宏觀到微觀，許多內容相對比較抽象，學生在理解上有些困難是難免的。當教學手段從板畫、板書、掛圖發展到多媒體應用後，學生真正在課堂上看到了「化學」，原來肉眼看不見的化學現象也能通過多媒體得以展示。這些教學手段的應用，可避免、減少迷思概念。

2. 依據認知規律組織化學知識

認知結構是指個體全部知識(或觀念)的內容和組織，或是在某一特定領域內知識(或觀念)的內容和組織。學生認知結構則包括學生現有知識的數量、清晰度和組織方式，由個體能回想出的事實、概念、命題、理論等組成。學生學習是從單個知識點的學習到知識的不斷積累、到知識點的組合、再到學科不同層面的聯繫，學生在一定條件下將學科知識結構內化為自己的認知結構。因此，認知結構是個人化的，是個體將學科知識結構在頭腦中內化和重組後形成的。個體對學科知識內化、重組和掌握程度的不同，其認知結構就會有很大不同。

化學教學中教師要有意識地加強有關聯知識間的聯繫，注意化學知識的縱向發展，並在存在交叉和滲透的知識處建立橫向聯繫，使知識以一種有效的方式組織起來，幫助學生形成合理的認知結構。知識的組織方式與學生的

認知方式一致，可以減輕學生的認知負擔，促使學生從對知識的機械接受轉換為意義理解。在化學教學中，將培養思路教學作為知識體系教學的前提，把知識的處理方式展現給學生，按照漸進分化、綜合貫通的原則在資訊加工的基礎上組織結構性的知識，有利於學生對知識建構形成脈絡化和規律性的認識，有效地塑造良好的認知結構。

3. 教學內容的組織突出三重表徵的主導作用

教學內容的組織與呈現，是指教學內容以什麼樣的思路和方式呈現給學生，以怎樣的方式將不同的內容結合在一起。它直接影響到學生學習時的思維過程，進而影響到學生對知識內容的理解和學習。圍繞一個知識點，從宏觀、微觀、符號等多個角度予以描述，將這些不同角度之間的內在聯繫揭示出來，可以讓學生更好、更快地形成三重表徵思維方式，最大限度地發揮三重表徵思維方式的價值。因此，在教學中應依據學生的心理發展水平，盡可能地引導學生從宏觀、微觀、符號三者相結合的視角認識物質，突出三重表徵的主導作用。

例 7-15　在講「質量守恆定律」時，學生通過探究能比較容易地得出質量守恆定律的內容，學生此時會自己產生一個比做出假設時更深層的一個「為什麼」的問題，這時教師可提出以下階梯性的問題：①化學反應的本質是什麼？②化學反應過程中原子的種類是否變化？③原子的數量有無變化？④原子本質是否改變？學生經過長期熏陶，就會逐漸地把事物的宏觀現象和物質的微觀結構聯繫起來，認識到宏觀上表現出的性質，原來是看不見的粒子在微觀狀態下集體行為的表現，從而不再對物質表現出的性質感到不解和神秘，知道這是物質內部特徵結構的外部表現，並體會到用符號表示紛繁的化學現象的簡便和妙處。

化學實驗的鮮明特點就是通過物質的宏觀現象來揭示物質的組成、結構、性質以及化學反應中內在變化的微觀本質。因此，實驗對於學生三重表徵思維方式的培養具有其他教學形式和途徑無法比擬的優勢。

思考題

1. 結合一節具體化學教學內容，試著設計一個學習評價方案，並擬定評價內容。想一想，你所制訂的測試內容能全面地考查教學目標要求的知識內

容嗎？學生所有的學習情況在檢測中是否得到了反饋？你認為對三個維度的教學目標分別可採用哪些評價方法，請結合具體內容談談你的理解。

2. 如果某一節課你是採用以學生自主學習為主的教學方式，想一想，如何設計教學評價活動？

3. 有的教師認為「在復習課上，通過師生交流已經能夠得到學生學習效果的基本情況，不需要再進行其他的教學評價活動了」。你怎麼看待這一觀點？

實踐探索

實驗教學是中學化學教學中比較重要的環節之一，但若構建一個全面的、完整的實驗評價指標體系，各方面都要評價到，勢必會增加教師和學生的負擔，而且可能會影響評價的時效。想一想，如何利用學生手中的實驗報告優化實驗評價？

拓展延伸

實驗教學是中學化學教學中比較重要的環節之一，但若構建一個全面的、完整的實驗評價指標體系，各方面都要評價到，勢必會增加教師和學生的負擔，而且可能會影響評價的時效。想一想，如何利用學生手中的實驗報告優化實驗評價？

第八章　化學教學設計的評價

本章導學

　　本章主要介紹化學教學設計評價的基本要素、功能和評價方式及評價量表的設計，最後進行化學教學設計的評價案例分析。

學習目標

　　1. 理解教學設計評價的含義和基本構成要素，知道化學教學設計評價的意義。

　　2. 熟悉化學教學設計的評價流程，能結合具體的教學設計進行評價。

　　3. 會根據需要設計教學設計評價量表。

中學化學教學設計為化學課堂教學提供了一套較為詳細的行為規範和具體的操作方案，使教學做到有章可循。那麼，怎樣才能評價一個化學教學設計的質量呢？在對教學設計進行評價時，需要依據課程標準認真思考以下問題：①預設的教學目標能達到嗎？多大程度上能實現？②教學設計的主線是什麼？合理嗎？③是依據什麼原則來選擇、確定教學內容和教學素材的？是否恰當？④怎樣組織和實施化學實驗？探究的還是驗證的？這樣處理好不好？有助於學生的思維能力的培養嗎？處理好實驗知識、技能學習和開展探究活動的關係了嗎？能否更好地發揮實驗教學的教育功能？⑤採取了哪些策略？能有效幫助學生提高學習化學的興趣，改變學習方式，高效、高質量地達到學習目標嗎？

第一節　化學教學設計的評價概述

一、化學教學設計評價的概念

評價作為一種認識活動滲透於人類生活的各個方面。人們時時都在對自然、社會、教育、他人以及自己周圍的一切進行評價。評價是教學設計的重要組成部分，同時更是教學設計發展的保障。

教學設計評價不同於學習評價和教學評價。教學設計評價主要是對教學設計的結構、操作和效果的評價，目的在於發現教學設計中存在的問題，完善教學設計。教學設計評價具有促進教學設計的優化、促進後續設計的完善和加快教師專業成長的功能。教師在教學過程中往往忽略自己在教學設計中不科學、不符合邏輯的一些設計。同時，教學設計本身就是一個發展過程，教學設計和各種不可預測的因素自然會影響教學設計的科學性。與其他評價一樣，教學設計評價的目的「不在於證明，而在於改進」，教學設計的評價也因此更多地應該指向未來，而不是指向過去，這是具有發展性的評價理念。

一般來說，一個好的化學教學設計整體上需要做到以下幾點：

1. 能幫助學生在學習過程中獲得快樂的體驗

教師在教學設計中應努力幫助學生獲得學習的快樂，為他們設計與其個性特徵相適應的學習任務、學習環境和學習活動。可以精選與社會生活和學

生經驗密切聯繫的內容，增加所學內容的實用性，盡量多設計學生樂於參與的學習活動，增強這些活動的實踐性和趣味性，在科學內容中滲透人文精神的啟迪與熏陶。

案例 8-1

高中化學學習中，抽象的物質的量相關知識及計算、繁多的元素化合物知識的記憶、瑣碎的實驗操作程序與注意事項、易錯的離子方程式書寫、過於複雜的化學計算和實驗設計等，都會使學生的學習興趣逐漸消失。例如，一些學生對化學用語的學習感到困難，從元素符號開始，到化學式、化學方程式；再到高中的化學計量單位(莫耳)、離子方程式的書寫、氧化還原方程式書寫，困難不斷加重。怎樣使他們在化學用語學習中體驗到這些化學學習工具內涵的豐富、使用的便捷、運用成功給學習帶來的種種好處，是極其重要的。教師在教學設計時，要選用簡潔的表達，讓學生覺得好懂、容易用，在使用中消除懼怕心理。在愉快、成功的教學氛圍中使用技能，使學生感到成功使用化學用語不僅必要而且並不困難，而後在適當的時機逐步加深理解、提高要求，使學生知其所以然。反之，學習伊始，就大講這些用語對學習化學的重要性，強調學習的困難，指出它是學習化學的分化點，引起學生對學習成功的憂慮，在還沒有建立初步的概念時就要求知道這些用語的來龍去脈，增加學習的困難，是沒有好處的。

2. 能引導學生獲得全面的、結構化的化學知識

傳統的中學化學教學設計，重視陳述性知識(化學概念的含義、物質的性質變化、制備或合成的描述性知識和一般規律)，重視幫助學生掌握「是什麼」「為什麼」，知其然，知其所以然。但往往忽視程序性知識、策略性知識的學習，沒有注意幫助學生瞭解「怎樣做」，瞭解知識發現的心智活動過程(或知識的產生過程)。新課程強調「過程與方法」，要求學生瞭解知識的產生過程，學習如何發現問題、解決問題，體驗探究過程、提高探究能力。因此教學設計必須要考慮這一問題。結構化的知識容易理解，易於掌握。通常，教材都設計了比較嚴謹的邏輯體系，教學設計中應把握好並體現這種結構體系。為了幫助學生學習到完整的化學知識，教師在教學設計中應整體分析並把握全書、全單元的學習目標和知識結構，統領全局，抓住關鍵性問題、

融會貫通，而後整體安排、設計教學活動。

案例 8-2

高中化學新課程在必修模組有關化學反應的內容，包括下述內容：

(1) 什麼是化學反應？

聯繫生產、生活、自然界的化學現象，感悟化學反應的特徵、現象，瞭解化學反應的本質、類型，反應中的量變、質變與能量變化，學習化學反應的描述方法，瞭解化學反應在生產生活中的意義。

(2) 為什麼物質能發生化學反應？

理解物質的本質是運動的，知道化學反應的核外電子運動（電子轉移與得失）、離子交換，瞭解外界條件對物質存在狀態、物質間的相互轉化、反應的影響。

(3) 怎樣引發、控制、利用化學反應？

瞭解反應條件及其控制、反應速率及其控制、反應程度及其控制，瞭解化學反應的利用———獲得新物質、實現能量轉化、合理利用和保護自然資源、保護環境、維護生態平衡。

(4) 怎樣學習、研究化學反應？

知道學習化學反應的方法，學習觀察和實驗的方法，學習反應規律的探究，瞭解分析、歸納、邏輯推理、數學方法，瞭解定性、定量研究方法。

與原化學教學大綱的學習要求對比，新課程增加了「怎樣引起、控制、利用化學反應？」「怎樣學習、研究化學反應？」的內容。

3. 指導學生學會學習

進行教學設計時，在充分吸收各種學習理論和教學理論的合理成分的基礎上，採用多種學習和教學方式相結合的形式，靈活、機智地把教學引向深入，讓學生學會學習。

4. 採取不同的策略引導學生自主學習

如：問題探索，用歸納分析與邏輯推理的方法，通過指向明確的觀察和實驗活動獲得物質和變化的規律性的認識。

案例 8-3

在必修模組，學習化學反應中的能量轉化，可以靈活地應用各種學習方式，將教學方式和學習方式有機結合起來。

(1) 閱讀與討論：閱讀有關人類利用太陽能的資料；分析實際生活中的能量轉化方式(屋頂上的太陽能熱水器、乾電池點亮小燈泡、用鋁熱劑焊接鋼軌、閃電時產生少量氮氧化合物、煤氣爐的火焰、X 射線使底片感光)；列舉能量轉化實例。

(2) 學生活動：自制化學暖袋。

(3) 交流討論：瞭解家庭或社區生活用的燃料種類；調查燃燒狀況，特別注意燃料燃燒是否完全，有沒有環境污染物排放；請教專家或查閱資料，交流討論解決化石燃料燃燒中存在的問題的對策。

(4) 閱讀與講解：知識介紹 ———將煤轉化為潔淨的燃料。

(5) 學生交流討論

(輔以教師講解)：分析化學反應中的能量轉化，認識放熱反應、吸熱反應、熱化學方程式、熱效應計算。

(6) 閱讀：知識介紹 ———認識燃燒熱與中和熱。

(7) 探究活動：原電池反應實驗 ———將一塊鋅片和一塊銅片分別插入盛有稀硫酸的燒杯裡，觀察實驗現象；將一塊鋅片和一塊銅片同時插入盛有稀硫酸的燒杯裡，觀察實驗現象；用導線將鋅片和銅片連接起來，觀察實驗現象；在導線中間連接一個靈敏電流計，觀察實驗現象；填寫實驗現象、結論；分析原電池反應原理；製作簡易電池，測試是否能產生電流。

(8) 交流討論：結合生活經驗說明在日常生活中使用的化學電源。

(9) 活動與探究：在教師的指導下完成燃料電池製作和簡易鉛蓄電池的製作實驗。

(10) 閱讀與教師簡要介紹：瀏覽常見化學電源的組成和反應原理圖表。

5. 設計以學生為主體的學習活動

學習活動可以採用探究、交流討論、實驗、口頭或書面練習、遊戲等方式。同時，要注意給學生足夠的交流討論時間和空間，鼓勵學生敢於發表自

己的見解，又養成虛心傾聽別人的意見的良好習慣。靈活運用多種學習方式能提高學習的效果。

案例 8-4

學習氮氣的物理、化學性質，是較為簡單的課題，可以採用學生自主學習的方式完成。但是研究表明，學習效果不理想，「看了就懂，學過就忘，遇到應用更糊塗」。原因之一是學生沒有在學習過程中提出問題，沒有在學習中思考、解決問題，也沒有對所學習的內容進行必要的分析、歸納和整理。在教師沒有給予學習指導的情況下，以「讀」代「學」。在進行教學設計時，如分析後覺得可以採用自主學習的方式，教師應首先簡要講解，提出需要思考的問題，分組進行研究、探討，將自主學習、探究學習、協作學習結合起來，則效果大不相同。

(1) 用燒杯盛裝一杯液態空氣，在室溫下它劇烈沸騰、汽化。在下述時間用一根燃著的木條靠近杯口，發生什麼現象？①液態空氣汽化不久；②液態空氣汽化餘下 1/3；③液態空氣汽化餘下 1/5。若在液態空氣汽化餘下不足 1/5 時將帶有餘燼的木條放在杯口，能觀察到什麼現象？你是怎樣對上述問題做出判斷的？

(2) 空氣中氮氣約佔總體積的 78%，而氮氣在空氣中的質量分數是 75%，這兩個數據之間存在怎樣的換算關係？

(3) 用人工方法將氮氣轉化為氮的氧化物，再轉化為硝酸，有兩條反應途徑，用化學方程式表示這兩條反應途徑。為什麼工業上製造硝酸，應用的是氨氧化製氮氧化合物的反應途徑？

(4) 氮是非金屬性較強的元素，它的氣態氫化物———氨也較為穩定。可是要人工合成氨，卻需要較高的反應條件，這是為什麼？

二、化學教學設計評價的基本要素

1. 教學設計的理念

教學設計的理念即教學設計過程中的設計及活動設計所反映出的教學理念是否具有時代適應性，是否符合教學目標的要求，是否符合學生的需求。因此，教學設計理念是否先進往往就成了評價教學設計理念的一般標準。

2. 教學目標

任何一個化學教學設計都必須具備清晰的教學目標，教學目標制約著教學設計的方向。對教學活動起著指導作用。通過教學目標的評價，可以保證教學活動的有效開展。化學課堂教學目標包括三個方面：一是教學目標設計是否合理、是否切合學生實際；二是教學目標表述是否明確、具體；三是教學目標與教學活動是否一致。

3. 教學過程

對教學過程的評價主要側重四點：一是是否注重德育和化學價值觀的滲透。這是促使學生全面發展的重要組成部分，教師在課堂教學中應貫穿始終。二是是否正確理解了化學教材。教學內容系統、科學、準確，教師對化學教材內容應該了如指掌，明確教材中知識的來龍去脈，掌握本節課教材在全章節的地位與作用，對知識結構、知識之間的關係能理順並融會貫通。教學內容正確，無知識性錯誤，與課標和教材內容相符合。三是教學內容是否注意理論聯繫實際。化學科學具有時代性，需要化學教師及時掌握最新的知識，緊密聯繫實際，並在教學中得以充分體現。四是是否突出了教學重點，突破了難點，抓住了關鍵。教學中不能「眉毛、鬍子一把抓」，一節好課應該做到主次分明、重點突出、難點化易。

4. 教學活動

教學活動的評價主要是分析每個環節的教學活動是否能夠促成教學目標，活動的操作方式是否得當，反饋方式是否合理。

5. 教育技術的應用

化學教學設計必須充分利用教育技術，使之服務於教學設計。這裡不是評價是否使用了現代教育技術，而是判斷教育技術的使用是否得當，是否促進教學過程的運行和教學目標的實現。

6. 教學結果

任何化學教學設計都指向有效教學，教學效果也自然是教學設計評價的主要內容之一。一個設計是否科學，判斷的主要依據自然應該是教學目標的達成程度。一個好的教學設計應該能夠有效地促進學生的學習。

三、化學教學設計評價的功能

1. 促進當前教學設計的優化

教學設計是教學理論和實踐之間的橋梁。也正因為現代教學設計體現了現代教學理論和教學實踐之間的緊密結合，因此不再是教師隨心所欲的一種過程，而是一種比較科學的邏輯過程。由於教師都是相信自己教得好，相信學生學得好，這是教師作為人類的一種天性，也正是因為這種天性，往往使教師對學生的進步做出過於樂觀的估計，這使得教學設計過程中一些非科學的和非邏輯的過程被忽略。而教學設計的評價，特別是前測評價，由於考慮了各因素及相應的參考指標，比如說，教師在擬訂一個教學設計後，回過頭來看看理念上是不是先進、目標是不是清晰、內容是不是可靠、過程是不是合理等，將起到查漏補缺的功效，也有助於促進當前設計的優化。

2. 幫助後繼教學設計的完善

正如前面所說的那樣，一旦在教學效果不太理想的情況下，教師就要合理地評價自己的教學設計了，雖然不理想的教學效果並不一定都是教學設計所造成的。但此時，若教師發現教學設計確實存在一些不合理的地方，可及時地將對實際的課堂教學的反思記錄在「反思與評價」欄裡。這樣及時的反思，會使後面的設計不會再犯同樣的錯誤，有助於教學設計的改進與完善，特別是同一教學內容的後繼設計將會受益匪淺。

3. 加快化學教師的專業成長

教學設計評價的目的「不在於證明，而在於改進」，教師在進行教學設計評價時，由於有基於課堂教學實踐的自覺反思，評價有實實在在的教學行為作支撐，評價的結果不是空洞、乏力的，這樣的評價會成為每位教師和教育研究者的寶貴資源。另外，通過對教學設計的評價，可以加快教師吸取現代課堂教學的新理念和新方法的速度，促進教師現代課堂教學設計自覺化行為的形成，最終促進教師的專業發展。

四、化學教學設計評價方式

化學教學設計的評價可以採用多種方式，按評價者的不同可以分為：自我評價、同伴評價和專家評價。按照開展的時間可分為：過程性評價和總結

性評價。按照評價的內容可分為：設計評價和應用評價。

　　自我評價指教學過程中教師對自己的教學設計在設計前、設計中和設計後依據評價標準開展的評價。為了提高教學設計水平，教師必須樹立終身學習的觀念，要養成良好的研究習慣，注意收集教學設計過程中和教學實踐過程中的各種資訊和數據，借此評價自己的教學設計。專家評價指教學設計的有關專家對教學設計實施的評價。這裡的專家泛指除同伴和自身以外的所有人員，如行政領導等。過程性評價指教師必須養成在日常教學中對自己設計的每一個教學設計進行評價的習慣，建立教學設計檔案，或者是反思記錄，只有這樣才能不斷完善和提高教學設計能力。

第二節　化學教學設計的評價過程

一、化學教學設計評價的原則

　　要保證化學教學設計評價本身的效度和信度，在評價教學設計時必須遵循以下原則。

　　(1) 目標取向原則。教學設計評價首先考慮的是教學設計目標是否達成，如果不能達成，判斷其影響因素是教學設計本身，還是其他未知因素。

　　(2) 學生主體原則。教學的目標在於促進學生的發展，而要促進學生的發展就必須滿足學生的需求。學生主體原則在於活動是否能夠滿足學生不同學習風格、不同認知水平和不同多元智能傾向的要求，學生在學習過程中是處於主動建構的地位，還是處於被動接受的位置。

　　(3) 學習本位原則。所謂學習本位不等於採用同伴活動或小組活動，要實現學習本位就必須遵循學習規律和認知規律，在實踐教學過程中盡可能使過程設計符合最近發展區的要求，在設計活動時注意控制與開放的協調，輸入與輸出的協調。只有當教學設計為學生提供了應有的參與機會，學習才能發生。

　　(4) 教育技術輔助原則。所謂教育技術輔助是指教學設計中教育技術的作用只是支撐教學活動的開展和教學目標的達成，教育技術的應用必須服務於

教學。如果教育技術不能促進教學，不能促成教學目標，而應該視為無效技術或者阻礙技術。

(5) 教學設計評價標準。在確定了教學設計評價內容之後，就可以構建評價標準。評價標準的構成必須經歷幾個過程。首先是根據教學設計的具體內容列出評價項目表，然後請專家和一線教師進行評價，看哪些是評價必須考慮的因素，應該如何賦值。在調查的基礎上對每個項目進行定量分析，最後確定評價量表。

二、教學設計評價的程序

教學設計評價的實施一般要經過以下六個步驟。

(1) 確定評價的目的與內容。

(2) 制訂評價計劃，選擇評價標準。

(3) 選擇評價的工具，如量表評價、問卷、座談、聽課、研討等，因為要評價教學設計的實際效果必須通過課堂教學的實踐才能判斷。

(4) 對教學設計的應用，應用獲取有關教學設計具體操作的因素，有關教學目標達成情況的數據。

(5) 歸納分析所收集的各種性質的材料和量化材料。

(6) 形成評價報告。

三、教學設計評價量表的確定

要準確地、科學地、真實地反映教學設計的質量，需要確定科學的、可靠的、易於操作的評價標準，評價標準主要由評價指標體系和各項指標的權重組成。

(一) 教學設計評價指標體系

根據中學化學課程標準和基礎教育改革的精神，中學化學教學設計評價的指標體系應該包括如下指標。

1. 教學目標

是否根據課程標準所確立的三維目標，結合每節課具體的教學內容和學

生的具體特點，科學地、準確地制訂每節課的具體教學目標。所確定的教學目標是否全面、明確、具體，並具有較高的可操作性，是否注重了學生在過程與方法、情感態度與價值觀等方面的收穫與發展。如表 8-1 所示。

表 8-1 教學活動成分與學生能力對應表

教學活動成分	學生應達到的能力	
	行為目標	教學目標的闡述
記憶事實	能回憶出事實	能寫出、能描繪、能指定、能選擇有關事實。
記憶概念	能陳述定義	能寫出、能描述有關概念的定義。
記憶過程	能陳述步驟	能畫出流程圖，能列出過程的步驟，能對步驟排序。
記憶原理	能説明關係	能用文字描述或用圖表、曲線表示有關原理中事實之間的關係。
運用概念	能分析概念	能區別概念的本質屬性與非本質屬性。
運用過程	能演示過程	能實際操作、演示該過程（包括測量、計算、繪圖等
運用原理	能運用原理	能把所學原理應用於新情境，並能預測和解釋所得出的結果。
發現概念	能發現概念的關係	能對概念分類併發現概念之間的各種關係（如上下、類屬及並列等關係
發現過程	能設計新過程	能設計、分析並驗證新過程。
發現原理	能發現事物的性質規律	能通過分析、實驗、觀察等發現事實間的內在聯繫及性質。

2. 教學內容

能否全面把握教學內容，協調好知識、能力、情感態度與價值觀等方面教學內容。教學重點是否突出，是否能較好地突破重難點，是否能恰當地反映化學科學的新知識、新技術，是否能結合學生的實際和周圍環境有效地組織利用好各種課程資源。

3. 教學過程

教學結構是否優化，是否為學生的自主學習創設了良好而有效的環境。課堂教學程序中各個環節及時間分配是否合理，是否突出了學生的主體作用和教師的主導作用，是否能有效組織學生的自主學習、合作學習和探究學習，是否能有效地進行師生交流、互動，教學節奏順暢、組織嚴密，教學密度適

中等。

4. 教學方法與策略

能否根據前期教材分析和學情分析正確靈活地選擇和使用各種教學方法，教學方法是否具有較強的啟發性；是否能夠有效地指導學生的自主學習、探究學習和合作學習；教學手段的選擇和使用是否正確、合理、有效，能否有效使用現代化教學手段；能否對不同的學生，提出不同的教學要求，採用不同的方法，實現因材施教；在教學的設計和組織上是否有所創新。

5. 教學效果

是否能實現預期的教學目標？

(二) 教學設計評價指標的權重

在對教學設計的質量進行量化評價時需要確定評價指標的權重。權重是指各項指標按其重要程度在評價總分中所佔的比重，為了正確、客觀、公正、真實地反映設計的情況，各項指標權重是否合理非常重要。一般確定權重的方法有五種：專家意見平均法、特爾斐法(又稱專家咨詢法)、秩和運算法、模糊統計法和層級分析法。

1. 教學設計評價量表

由評價指標和相應權重組成的表格稱作評價量表(如表 8-2)。教學設計的評價需要考慮教學目標、教學內容、教學過程等方面。

表 8-2 教學設計評價量表

一級指標	二級指標	內容	權重 (%)	備注
教學目標	教學目標的依據	符合課程標準，圍繞教材，利用開發課程資源。		
	教學目標的設計質量	教學目標結合學生實際，敘寫具體、明確，可達成可測、可評的課堂教學目標。		

教學內容	教材處理	熟練把握教學內容,教材處理正確靈活。		
	教學內容組織	科學、嚴謹、準確、邏輯性強;知識體系完整,條理清楚,層次分明,注意到了前後呼應和觸類旁通。		
	非知識性內容的處理	注重科學過程和科學方法的教育,注重情感態度與價值觀的教育。		
	聯繫實際	聯繫學生生活實際、社會生產的實際,解決學生頭腦中的實際問題。		
	知識容量與重難點處理	容量適中,難易適度,較好突出重點,突破難點。		
教學過程	教學設計	適合於學生經驗、興趣、認知和其他能力發展的現狀與需求,師生共同創設教學環境,為學生提供討論、質疑、探究、合作、交流的機會,利用資訊技術教育和課程資源,實施有效的教學行為。各環節充實,節奏緊湊,安排有序,時間分配合理;有創新點,反映了教師個人的見解和獨特的思想;內容經過認真的選擇,體現教學中的重點和難點。		
	調動學生學習主動性	善於啟發,有效組織和指導自主性學習和合作學習;以學生為主體,有利於培養學生的創造能力;能提高學生的學習興趣與學習自覺性。		
	注重探究學習、合作學習	善於組織探究學習、合作學習活動,切實指導學生合作與探究,能有效地同其他教學方法相結合。		
	教學目標的達成	以教學目標為主線,突出能力培養,注重基礎知識的掌握,突出非知識目標的達成。		
教學方法與策略	教學方法與策略	正確選擇教學方法和教學策略,面向全體學生,因材施教,合理運用現代教學方法,突出學生的自主學習、探究學習、合作學習;能維持學生的注意和興趣,能促進學生的理解和記憶;內容的表述符合科學規範、深入淺出;能為學生提供操作、練習、模擬、遊戲等活動。		
	教學手段	熟練運用直觀手段;熟練使用多媒體技術和網路技術進行教學;能自己設計製作多媒體課件和直觀教具;提供豐富的資訊和相關資料。		

教學效果	教學目標達成	能選擇合理的測試方法，評價學生的學習效果。大多數學生在原有基礎上獲得知識、技能、情感態度的發展，特別是探索精神和創新能力的發展的教學效果和學習過程是否達到教學目標，及其達到目標的程度。		
	提問、練習和反饋	提問有啟發性；練習和活動能引起學生的興趣，激發學生的思考；提問、練習與活動有多種不同的層次，既有基礎知識的教學，又能培養創造性和高層次的思維能力；及時提供測評、反饋、矯正。		
評價總分				
質性描述				

第三節　化學教學設計的評價案例分析

案例一：氧氣

一、背景分析

1. 教材分析

本節內容分為氧氣的物理性質、氧氣的化學性質和氧氣的用途三部分。

氧氣作為一種氣體對學生而言既熟悉又陌生，熟悉是由於在小學自然中有一定的認識，陌生是因為學生不能從化學的角度思考問題，所以教材把它作為深入學習物質性質及其變化規律的開篇，這樣既緊貼生活又可以給學生一種真實感，使學生從已有的生活常識上升為理性認識。學生對本節內容的掌握程度直接影響對下一節「制備氧氣」的理解。同時，通過學習本節內容，可以初步瞭解化學學習的方法，為以後探究氫氣、二氧化碳等做好鋪墊，所以本節內容在國中化學中具有非常重要的作用，是重要的入門課。

2. 學情分析

化學對於國中的學生而言是一門新學科，通過緒論的學習，學生大概瞭解了國中化學的研究對象、研究手段、研究範圍，但對於如何學習還無從下

手。學生對氧氣的認識也只停留在可供呼吸，能使可燃物燃燒的感性認識階段。

化學是一門以實驗為基礎的學科，學生在觀察實驗現象時，既不知道觀察的重點在哪裡，也不知如何描述實驗現象。所以，教師的引導對學生養成良好的學習習慣、形成良好的學習方法將起到很大的作用。

二、教學目標設計

1. 知識與技能

①瞭解氧氣的物理性質、掌握氧氣的化學性質，能準確描述氧氣與碳、硫、鐵的反應現象。②理解並會區分化合反應、氧化反應。③知道氧氣的用途。

2. 過程與方法

通過本節課，學生進一步增強觀察現象、分析問題以及表達的能力，在探究其他物質時，能對現象觀察、描述得更全面、更系統和更深入。

3. 情感態度與價值觀

①進一步形成實事求是的科學態度。②通過實驗激發學生對化學的興趣，從而使學生熱愛化學、崇尚科學。

三、教學重難點

教學重點：氧氣的化學性質；化合反應和氧化反應的概念，以及二者的聯繫與區別。

教學難點：學生對實驗現象的準確描述。

四、教學方法

教法：演示實驗法、啟發式教學法、歸納總結法、多媒體輔助教學。

學法：自主探究的方法。

五、教學過程設計

1. 氧氣的物理性質

本節課通過猜謎語的形式引入課題。讓學生先從謎語中找到相關資訊並聯繫書本知識歸納氧氣的物理性質，從而通過氧氣密度大於空氣密度這樣一個事實來解釋為什麼氣球中不充氧氣，以激發學生的學習興趣。

2. 氧氣的化學性質

通過提出問題「如何區別空氣和氧氣」，讓學生思考。因為，就物理性質而言是無法解決這個問題的，那麼化學性質呢，能不能解決？這樣，很自然地就由物理性質過渡到化學性質的討論。

氧氣的化學性質主要以實驗探究的形式進行教學。在實驗過程中注意引導學生觀察現象。如：引導學生觀察碳、硫、鐵在空氣和氧氣中點燃後火焰顏色是否相同，是否聞到了什麼氣味等。並讓學生根據自己的思考將所觀察到的現象描述出來，必要時做適當引導、補充和修改，在教師的引導下正確書寫出文字表達式，如此反覆以突破難點，從而突出重點。

(1) 氧氣與木條的反應

根據以上的問題「如何區別空氣和氧氣」，演示帶火星的木條分別在空氣和氧氣中的反應。並在教師的指導下讓學生描述實驗現象，推出木條和氧氣反應的文字表達式。以木條在空氣中和在氧氣中點燃後現象不同為依據，進行探究學習，解決以上的問題。這樣的設計不僅讓學生懂得本實驗的內容，還會立即體驗到學有所用的樂趣。

(2) 氧氣與硫的反應

實驗前提醒學生將要演示的實驗會產生一種帶有刺激性氣味的有毒氣體。讓學生產生好奇心，從而集中精力觀察硫在空氣和氧氣中點燃會有怎樣的現象，又有什麼區別。運用啟發式教學，引導學生描述實驗現象，並書寫出文字表達式。通過對比硫在空氣和氧氣中燃燒現象的不同，讓學生懂得「物質在空氣中的燃燒反應，實際是物質與空氣中的氧氣反應」。

(3) 氧氣與鐵反應

通過「鐵為什麼會生鏽，鐵鏽是什麼顏色的，以及鐵會不會燃燒？」等一系列問題引發學生思考。學生可能會回答鐵鏽是紅褐色的。那麼，鐵如果燃燒，它的產物是不是就像鐵鏽一樣是紅褐色的？從而激發學生的好奇心。

在做演示實驗前問學生「為什麼要在集有氧氣的瓶子中加水？」這時候提問主要在於讓學生通過實驗，以真實的感受去思考問題，以培養學生實事求是的科學作風。實驗過程中引導學生觀察現象並對現象進行描述，然後正確書寫出文字表達式。通過實驗聯繫實際，引導學生思考並講解實驗中為什麼要在瓶中加水。

以鐵在氧氣中劇烈燃燒總結出「氧氣可以支持燃燒，化學性質比較活潑」這一結論，接著揭曉鐵生鏽的原因。

以上內容主要以「質疑—實驗觀察—小組討論—得出結論」的形式進行師生互動，使學生輕鬆、自然地總結出相關結論。演示實驗教學、探究型學習對學生掌握氧氣與碳、硫、鐵反應的現象更直觀、深刻，理解氧氣化學性質更生動，且對於鍛鍊學生的觀察能力、分析問題的能力以及表達能力很有幫助。

3. 反應類型

學會「歸納總結」是提高學習效率的有效方法。對於反應類型的講解，這裡將用多媒體課件展示這幾個反應的文字表達式，讓學生觀察它們都有什麼共同點。在學生進行探究學習的過程中，如果答不出，我會作相應的提醒，從而歸納總結出化合反應、氧化反應的概念。以做題的方式鞏固學生對這兩個反應類型的掌握，對所出現的問題及時進行反饋。

4. 氧氣的用途

之前說過化學重在運用，那麼有關它的用途將使學生深刻體會這一點。通過謎語和氧氣的性質以及生活常識，歸納出氧氣的用途，展示幾張有關氧氣用途的圖片，以拓展學生視野。

5. 課堂總結

課堂最後對本節課內容以「三個二」的形式進行總結。即兩個實際問題的解決、兩個結論的推出、兩個反應類型的理解來貫穿本節所學內容，為學生課後復習提供一條線索。最後提出「如何得到氧氣」這一問題讓學生思考，來結束本節課，為下節課做好鋪墊，培養學生自主學習能力。

六、板書設計

　　為了使整個教學內容重點突出、層次分明，讓學生從整體上把握氧氣的相關知識，有利於知識的結構化。本節課板書分為三版：第一、二版主要體現氧氣的化學性質，尤其是碳、硫、鐵在空氣和氧氣中燃燒現象的對比，可以給學生留下深刻印象。第三版主要是化合反應、氧化反應的概念，加深對概念的理解。

　　評析：課程標準中對元素化合物知識的處理，突破了傳統的物質中心模式，不再追求從結構、性質、存在、製法、用途等方面全面系統地研究物質，而是從學生已有的生活經驗出發，引導學生學習身邊的常見物質，將物質性質的學習融入有關的生活現象和社會問題的分析解決中，體現其社會應用價值，貫徹 STS 教育觀點。常規物質性質的教學是去情境化的，直接介紹物質的性質，順帶介紹物質的用途。

　　案例一所提供的教學設計並不是開門見山地介紹氧氣的性質，而是先通過猜謎語的形式引入課題，從生活經驗出發，激起學生學習的興趣。整節課注重引導學生如何利用所學的知識分析和解決生活中的實際問題。在目標設計上，從三個維度明確學生的學習目標，切合學生實際，重視學生的思維能力和科學探究能力的形成。

　　教學重點的確定上，教師考慮到了本節內容在中學化學學習中的地位。化學是研究物質性質及其變化規律等的學科，化學性質貫穿整個中學化學始終，而本節內容是國中學生接觸化學的開始。關於氧氣化學性質學習的程序、方法將為後續的學習提供一種模式，為學生自主學習打好基礎。化合反應是學生在中學階段學習的四大基本反應類型之一，而氧化反應與其具有一定的區別與聯繫，二者的正確區分將提高學生的辨別能力。因此作者將上述內容確定為本節的教學重點。

　　教學難點的確定上，教師考慮到了學生的具體情況。學生剛接觸化學，對實驗過程中所呈現出的現象，學生的回答很可能因人而異，可能會有較大差別，也可能不夠科學，不夠規範。所以在課堂中教師如何引導學生客觀、準確地描述實驗現象將是本節課的教學難點。

　　教學方法的確定和選擇上，作者根據建構主義的學習理論，認為學習是

學生主動建構新知識的過程，教師是學生學習活動的促進者、引導者。因此，在教學中採用了演示實驗法、啟發式教學法、歸納總結法進行教學，讓學生積極地參與到課堂中來，主動思考、積極討論。同時適當地使用多媒體輔助教學，使教學更具靈活性和直觀性。在學法指導上主要通過老師的引導讓學生自己觀察、歸納、分析，採用自主探究的方法進行學習，參與生動活潑的化學實驗，從中體會學習的興趣。最後適當地進行練習，鞏固學生對內容的理解。

拓展：

新課程要求將去情境的知識情境化，從生活到化學，從化學到社會，從自然界到實驗室，從實驗室到實際應用的各種情境，為培養學生情感態度與價值觀提供有效途徑和載體。將元素化合物知識置於真實的情境中，強調化學在生產、生活和社會可持續發展中的重大作用，能夠培養學生學以致用的意識和能力，養成關心社會的積極態度，增強社會責任感，發展學生的創新精神和實踐能力，有利於開拓學生的視野、更加深刻地理解科學的價值、科學的局限以及科學與技術、社會的相互關係。

在教學中可以這樣來設計教學情境：在火山噴發的實際情境中認識硫元素組成的家族成員；在雷電發生的模擬情境中認識氮氣的主要化學性質；在模擬溶洞形成的實驗情境中認識碳酸鈣和碳酸氫鈣之間的相互轉化；在海水中提取溴和從海帶中提取碘的任務中學習溴單質和碘單質的性質；從鋁土礦中提取鋁的生產背景下認識鋁、氧化鋁的性質；從硫及其化合物的「功」與「過」的視角學習硫單質、二氧化硫和三氧化硫及硫酸的性質；從石油化工和煤化工的產品引入乙烯和苯的性質及其在生活、生產中的應用；從飲食與健康的角度分析重要的烴的衍生物乙醇、乙酸、酯和油脂的性質及其相互轉化；從生命及營養的角度介紹糖類、蛋白質的重要性質、在人體內轉化及其在生活、生產中的應用；從日常生活(衣、食、住、行)中接觸的日用品引入塑膠、橡膠、纖維等高分子材料。

案例二：鐵及其化合物

【引言】在自然界中鐵，絕大多數以化合態存在，鐵的化合物非常多，你知道哪些？你對它們有多少認識？鐵元素有哪些價態？

【總結】鐵元素有三種價態：0、+2、+3。

【過渡】這些價態的鐵元素之間如果發生相互轉化，則會發生氧化還原反應。那麼，從化合價的角度分析一下，這幾種價態的鐵元素應該具有什麼性質呢？

【學生回答、總結】+3 價鐵元素：只具有氧化性。+2 價鐵元素：既具有氧化性，又具有還原性。0 價鐵元素：只具有還原性。

【過渡】通過上面的分析，我們預測了不同價態鐵元素的性質，下面就以單質鐵、氯化鐵、氯化亞鐵等具體物質來探究鐵及其化合物的氧化性和還原性。那麼，如何研究一種物質是否具有氧化性或還原性呢？

【啟發、總結】如果你要預測某物質具有氧化性，可以尋找具有還原性的另一物質，通過實驗證實兩者能發生氧化還原反應，從而驗證你的預測。相應地，如果你預測某物質具有還原性，可以尋找具有氧化性的另一物質，通過實驗來檢測你的預測。

【講述】我們首先要做的是尋找氧化劑和還原劑，那麼，常見的氧化劑和還原劑有哪些呢？

【學生活動】學生列舉，教師總結。

【投影】常見的氧化劑：氧氣、氯氣、硝酸、濃硫酸、高錳酸鉀、氯化鐵等。常見的還原劑：金屬單質(鈉、鐵、銅、鋁、鋅)、氫氣等。

【過渡】如果我們把相應的氧化劑和還原劑都選擇好了，那麼我們如何知道氧化還原反應確實發生了呢？請同學們先觀察一下氯化鐵和氯化亞鐵的顏色。

【展示】氯化鐵和氯化亞鐵的溶液，指出它們相對應的顏色，氯化亞鐵溶液———淺綠色，氯化鐵溶液———黃色。再指導學生閱讀教材上的「工具欄」，同時演示相應的實驗：用 KSCN 溶液檢驗 Fe^{3+} 的存在。

【演示實驗】分別向氯化亞鐵溶液、氯化鐵溶液以及氯化鐵和氯化亞鐵

的混合溶液中滴加 KSCN 溶液。指出：當溶液中存在 Fe^{3+} 時，加入 KSCN 溶液後，溶液變成血紅色。

【投影】探究鐵及其化合物氧化性和還原性的實驗記錄表。

預期轉化	所選試劑	預期現象	實驗現象	結論及反應

【學生活動】根據提供的氧化劑和還原劑，四人為一小組，自主選擇相應的藥品，設計實驗，並實施。在實驗過程中完成記錄表。

評析：

鐵及其化合物內容是高中物質性質內容的重要組成部分。面對這麼多教學內容，教師能夠在一課時完成教學任務嗎？怎樣才能完成呢？案例二給我們提供了很好的借鑒。這個教學片段之所以能在一課時內完成鐵及其化合物重要性質的教學內容，是因為教師抓住了教學的核心內容———鐵及其化合物的氧化性與還原性，而不是像原來的教學一樣，一個物質一個物質地系統講解。這個教學設計不但實現了整合教學，也發揮了單一教學內容的多種教育功能，讓學生既學習了新的化學知識，也獲得了新的研究物質性質的思路(過程與方法)———從物質所含元素化合物角度分析物質是否具有氧化性或還原性，並通過實驗進行檢驗。

拓展：

抓住核心內容進行整合教學，緩解教學時間壓力。化學課程目標由原來的雙基(基礎知識、基本技能)變成了三維(知識與技能、過程與方法、情感態度與價值觀)，加上教學時間有限，必然要求教師進行整合教學，發揮一種教學素材的多種教學功能，實施以探究為核心的多樣化教學方式，讓學生通過探究活動獲得物質性質的知識，培養探究能力，建立相關的科學方法。事實證明，過程與方法以及情感態度與價值觀教學目標的實現，不可能僅僅通過講授達到，也不可能脫離物質性質純粹地學習，必須讓學生在具體的學習活動中內在形成。

案例三：化學能與電能

一、基本說明

教學時間：45分鐘。

二、教學設計

1. 教材分析

本節課是電化學學習的基礎內容，也是核心內容。從知識體系和思維能力培養角度看，在整個中學化學體系中，原電池原理是中學化學重要基礎理論之一，是課標要求的重要知識點，佔有十分重要地位。國中化學已經從燃料的角度初步學習了「化學與能源」的一些知識，在選修模組「化學反應原理」中，將從科學概念的層面和定量的角度比較系統深入地學習化學反應與能量。

第一課時的主要內容有：原電池的概念、原理、組成原電池的條件。在本章教學中，原電池原理的地位和作用可以說是承前啟後。因為原電池原理教學是對前面有關金屬性質和用途、電解質溶液、氧化還原反應的本質、能量守恆原理等教學的豐富和延伸。同時，通過對原電池原理教學過程中實驗現象的觀察、實驗探究、分析、歸納、總結，培養學生的思維能力、實驗能力。

2. 學情分析

學生在此之前學習過的氧化還原反應、能量之間轉換、電解質溶液、金屬性質和用途等化學知識及物理電學的相關知識，已為本節課的學習做了一定的知識儲備，在日常生活中也見到過各種類型的電池。雖沒有電化學知識的基礎，但也已經習慣了新教材的學習思路和學習方法，已具備一定的化學思維基礎和基礎實驗技能。同時此階段的學生也正處在對自然科學知識渴求的年齡，對化學學科的興趣較濃，因此學生在本章內容的學習中以興趣為導，把自身的積極性轉化為自身的學習動力，充分發揮學生在探究實驗中的主體地位。

3. 教學目標

(1) 知識與技能

①理解化學能與電能之間轉化的實質。

②通過實驗和科學探究形成原電池概念,初步瞭解原電池的組成及其形成條件,理解其工作原理。

③理解化學能是能量的一種形式,它同樣可以轉化為其他形式的能量。

(2) 過程與方法

①通過反應物之間電子的轉移的探究,理解原電池的形成是氧化還原反應的本質的拓展和運用。

②通過實驗和探究,對比、歸納,加強對科學方法的理解,提升分析、歸納的能力。

(3) 情感態度與價值觀

①通過對原電池工作原理及條件的探究,產生濃厚的學習興趣,養成嚴謹求實的科學態度。

②通過觀察分析、實驗探究、參加合作討論等活動,體驗科學探究的樂趣,增進交流與表達意識,形成探究、自主、合作的學習方式並形成主動探索科學規律的精神。

③通過體驗科學探究的艱辛與愉悅,增強推進人類的文明進步的責任感和使命感。

4. 教學重點與難點

教學重點:原電池的組成及其工作原理。教學難點:原電池的形成條件,從電子轉移角度理解化學能轉化為電能的本質。

5. 教學方法設計與學法指導

教學方法:情境教學法、實驗探究法、多媒體輔助法、討論、歸納、演繹法。學法指導:學生在教師的引導下主動參與,通過動手實踐、親密合作、討論交流來學習本節課的重點與難點。

6. 教學過程

教學環節	教師活動	學生活動	設計意圖

介紹火力發電並為引出本節課重點內容電池做鋪墊	【板書】第二節化學能與電能 【板書】一、化學能轉化成電能———火力發電 以2008年國中國南方地區遭遇冰凍災害為切入口，使學生意識到煤與電的重要關係，體會電能對於現代社會的重要性。並請學生列舉自己經常用到的電器。	【傾聽、思考、聯想】	明確電力在當今社會的應用和作用。
	【提出問題】 問題1：火力發電站發電經歷了哪些能量轉化過程？ 【板書】化學能→熱能→機械能→電能 	優勢	弊端
---	---
中國煤炭儲量豐富 燃煤發電成本低	煤炭運輸不便 污染嚴重 能源利用率不高 | 問題2：火力發電站的優勢和弊端各有哪些？	【討論並分析】 火力發電的能量轉換方式、火力發電的利與弊。	實現思維模式的轉換，同時形成高效燃料，不浪費能源，積極開發高效清潔燃料的意識。
	【PPT展示】 ①中國發電總量構成圖。 ②中國與世界其他國家礦石燃料儲量對比圖。 ③火電站工作原理圖。 【思考與交流】假設你是電力工程師，面對這些利與弊，你會如何應對呢？。 【教師總結】用多媒體呈現，方式之一就是嘗試將化學能直接轉化為電能。就像電池，其好處就是減少中間環節能損，高效、清潔利用燃料，不浪費能源，更方便。	【思考、回答】 ①改進火力發電。②研究新的發電方式。	

| 情境創設 | 【板書】二、原電池
【課堂引入】電能是現代社會中應用最廣泛，使用最方便、污染最小的一種二次能源，又稱電力。例如，日常生活中使用的手提電腦、手機、相機、攝像機……這一切都依賴於電池的應用。圖片展示：生活中的電池。教師：簡要介紹神舟號飛船的成功，並說明神舟飛船的成功發射與返回離不開電池為其提供能量。圖片展示：「神舟」用太陽能電池。那麼，電池是怎樣把化學能轉變為電能的呢？這就讓我們用化學知識揭開電池這個謎。今天我們就一起來真正瞭解下電池是怎樣工作的？
【情境創設】【教師演示實驗】

【設問】
思考水果電池為什麼能產生電？帶著這個問題，我們從實驗入手，探究把化學能轉換為電能的過程，希望通過今天的學習解決此問題。

| 思考電池在生活中的廣泛應用。

【傾聽、思考、聯想】

觀察實驗現象並參加到實驗中去。

觀察完老師的水果電池後，帶著老師的問題進行學習。 | 體現化學的社會價值

體現化學的重要作用，以此來體現「生活→化學→社會」的理念。

創設新奇情境，極大地激發調動學生感知興趣和探知熱情。 |

探究化學能與電能的轉化過程，突破教學重難點。	【實驗探究】將學生分為三組，進行實驗探究，根據實驗探究完成學案中第二部分第一點的內容。（觀察實驗現象並記錄，小組成員根據每組實驗設置的問題，進行交流討論，列出自己的想法） 第一組：實驗 1 把鋅片和銅片同時插入盛有稀硫酸的燒杯里。 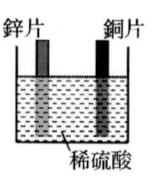 第二組：實驗 2 把鋅片和銅片同時插入盛有稀硫酸的燒杯里，並用導線將鋅片和銅片連起來。 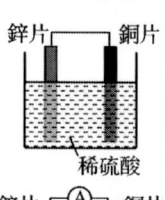 第三組：實驗 3 鋅片和銅片導線連接插入稀硫酸中，導線間接上電流表。 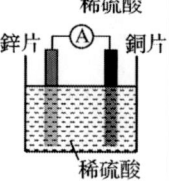 【學生討論發言】學生討論交流併發言。 【老師總結】電流表指針偏轉 →有電流產生 →產生電能 →化學能轉化為電能的裝置 →原電池。 【板書】1.原電池的定義 ———將化學能轉變為電能的裝置叫做原電池。 【分析】當把用導線連接的鋅片和銅片一同浸入稀硫酸中時，由於鋅比銅活潑，容易失去電子，鋅被氧化成 Zn^{2+} 而進入溶液，電子由鋅片通過導線流向銅片，溶液中的 H^+ 從銅片獲得電子被還原成氫原子，氫原子再結合成氫分子從銅片上逸出。這一變化過程可以表示如下。 【板書】2.反應方程式： 鋅片：$Zn-2e^- = Zn^{2+}$（氧化反應） 銅片：$2H^++2e^- = H_2\uparrow$（還原反應） 總反應：$Zn+2H^+ = Zn^{2+}+H_2\uparrow$ 【板書】3.原電池的電極負極：發生氧化反應，電子流出（流向正極）的一極。正極：發生還原反應，電子流入（來自負極）的一極。詳細解釋原電池反應的微觀原理，如電路中電子的轉移方向及電流方向在哪極產生氣體的原理，最後用動畫演示原電池的微觀變化，以此來幫助學生理解原電池。	【學生探究】小組合作認真完成實驗，觀察、記錄實驗現象，並思考實驗過程中所產生的實驗現象。 【完成學案中第二部分第一點】 學生在老師的引導下歸納總結出原電池的初步定義，及其正負極電子流向。 根據已有知識試著寫出反應式。	不僅培養學生的實驗動手操作及分析觀察能力，而且通過實驗説話，避免了教師教學上的單調性。 根據已有知識，氧化還原反應來分析，既能復習舊的知識，又能引出新的教學內容。

| 科學探究原電池的形成條件。 | 【板書】4.原電池的原理：
較活潑的金屬發生氧化反應，電子從較活潑的金屬（負極）流向較不活潑的金屬（正極）。
【隨堂鞏固】請嘗試標出學案中第二部分第三點的電子流動方向及電流方向。
【問題情境】能不能將裝置中的銅與鋅換成其他物質而也能產生電流呢？上面我們通過實驗探究了原電池的工作原理，初步形成了原電池的概念，那麼，你能否設計一個電池呢？
【科學探究】把學生分 3 個小組，根據已有的氧化還原反應知識和電學知識，利用已有的實驗用品，設計原電池裝置。探究形成原電池需符合什麼條件？
第一組主要用品：鋅片、銅片、鐵釘、碳棒、稀硫酸、導線、電流表、燒杯等。
第二組主要用品：鋅片、銅片、鐵釘、酒精、$CuSO_4$ 溶液、稀硫酸、導線、電流表、燒杯等。
第三組主要用品：鋅片、銅片、稀硫酸、導線、電流表、燒杯等。（提示：利用銅片與鋅片是否插在同一燒杯中來探究，觀察現象，得出結論）
【教師引導】通過以上實驗和探究，引導學生分析總結原電池的構成條件。
【學生討論發言】
【板書】5.組成原電池的條件。
(1)兩個電極
負極（－）：比較活潑的金屬
正極（＋）：性質穩定的金屬
能導電的非金屬（如石墨）
(2)電解質溶液（能與負極金屬反應）
(3)形成電流迴路
【板書】6.化學電池的反應本質：化學電池的反應本質是 ———氧化還原反應。 | 【完成學案中的內容】
【學案】小組合作，設計、實施實驗、記錄實驗現象並解釋。
根據實驗現象，分析並討論形成原電池的條件。
【組間交流與評價】原電池的組成：
1.電極；
2.有電解質溶液；
3.電極和電解質溶液形成閉合迴路。
【解釋水果電池的現象】 | 從微觀角度進一步認識原電池的原理。
從實驗現象抽象出現象的本質的能力，從而理解原電池的概念。分析加實驗，突破原電池的知識難點。
通過階梯式的問題情境，引導學生探究組成原電池的條件。
培養學生處理化學事實的能力。初步學會控制實驗條件的方法。進一步理解原電池的原理。 |

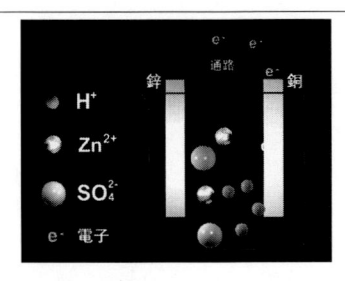

| 提升小結 知識應用與鞏固 | 化學能 $\xrightarrow[氧化還原反應]{化學電池}$ 電能
【前後呼應】學生解釋前面水果電池形成的原因。
【小結】
1. 原電池的定義；
2. 原電池的形成條件；
3. 原電池原理。
【反饋練習】見學案。 | 回顧剛剛所學的知識，並將其串聯起來。 | 變世界為教材，學以致用，所學知識馬上可以用來解疑，增加學生成就感，將本節課知識貫穿聯繫起來，起到畫龍點睛的作用。 |

7. 板書設計

第四節　化學能與電能

一、化學能轉化成電能 ———火力發電

能量轉化過程：化學能 → 熱能 → 機械能 → 電能

二、原電池

1. 原電池的定義 ———將化學能轉變為電能的裝置叫做原電池。

2. 電極反應式與電池總反應式

鋅片：$Zn-2e^- \longrightarrow Zn^{2+}$（氧化反應）

銅片：$2H^+ +2e^- \longrightarrow H_2 \uparrow$（還原反應）

總反應：$Zn+2H^+ \longrightarrow Zn^{2+}+H_2 \uparrow$

3. 原電池的電極

負極：電子流出(電流流入)的一極(較活潑金屬)，發生氧化反應。

正極：電子流入(電流流出)的一極(較不活潑金屬)，發生還原反應。

4. 原電池的原理：較活潑的金屬發生氧化反應，電子從較活潑的金屬(負極)流向較不活潑的金屬(正極)。

5. 組成原電池的條件(兩極—液—迴路)

(1) 兩個電極

$$\begin{cases} 負極(-)(比較活潑的金屬) \\ 正極(+)\begin{cases} 性質穩定的金屬 \\ 能導電的非金屬(如石墨) \end{cases} \end{cases}$$

(2) 電解質溶液 (能與負極金屬反應)

(3) 形成電流迴路

6. 化學電池的反應本質：化學電池的反應本質 ———氧化還原反應

$$化學能 \xrightarrow[氧化還原反應]{化學電池} 電能$$

附：學案設計及層次練習

(一) 化學能與電能的轉化 ———火力發電

(1) 火力發電站發電經歷了哪些能量轉化過程？

(2) 火力發電站的優勢和弊端各有哪些？

優勢	弊端

(二) 原電池

1. 探究化學能與電能的轉化。

第一組：

實驗序號	實驗 1	
實驗步驟	鋅片插入稀硫酸	銅片插入稀硫酸
實驗現象		
思考問題尋找答案	問題 1：反應中哪種物質失去電子？哪種物質得到電子？問題 2：鋅是通過什麼途徑將電子轉移給溶液中的 H+ 的？問題 3：怎樣想辦法讓這種電子的轉移變成電流？	
組內交流列出想法 (結論或解釋)		

第二組：

實驗序號	實驗2
實驗步驟	將鋅片和銅片用導線連接，平行插入盛有稀硫酸的燒杯中，觀察現象。
實驗現象	
思考問題尋找答案	問題1：銅片與稀硫酸不反應，鋅片和銅片用導線連接後插入稀硫酸中，為什麼在銅片表面有氣泡產生？問題2：導線在這個過程中起到什麼作用？問題3：你認為這種氣體可能是什麼？問題4：鋅片和銅片上可能分別發生什麼反應？如何證明？
組內交流列出想法（結論或解釋）	

第三組：

實驗序號	實驗3
實驗步驟	將鋅片和銅片用導線連接，插入盛有稀硫酸的燒杯中，在導線之間接入靈敏電流計，觀察現象。
實驗現象	
思考問題尋找答案	問題1：反應中哪種物質失去電子？哪種物質得到電子？問題2：電流計在這個過程中起什麼作用？問題3：根據你所瞭解的電學知識，你知道電子是怎樣流動的嗎？如何判定裝置的正負極？
組內交流列出想法（結論或解釋）	

2. 原電池的定義：

3. 請嘗試在下圖中標出電子流動的方向、電流的方向。

嘗試填寫下表：

電極材料	現象	電子得失	電極反應	原電池的電極（正或負）
鋅片				
銅片				
總的離子反應方程式				

4. 探究原電池的形成條件。

第一組：

實驗用品	鋅片、銅片、鐵釘、碳棒、稀硫酸、導線、電流表、燒杯等。

實驗過程					
方案	溶液	電極	有無電流	正極（現象及解釋）	負極（現象及解釋）
1					
2					
3					
4					
實驗結論						

第二組：

實驗用品	鋅片、銅片、鐵釘、酒精、$CuSO_4$ 溶液、稀硫酸、導線、電流表、燒杯等。

實驗過程					
方案	溶液	電極	有無電流	正極（現象及解釋）	負極（現象及解釋）
1					
2					
3					
4					
實驗結論						

第三組：

實驗用品	鋅片、銅片、稀硫酸、導線、電流表、燒杯等。（提示：利用鋅片與銅片是否插在同一燒杯中來探究，觀察現象，得出結論）

實驗過程					
方案	溶液	電極	有無電流	正極（現象及解釋）	負極（現象及解釋）
1					
2					
3					
4					
實驗結論						

評析：

案例三在五個方面做得較好。(1) 將化學理論知識的學習與實際生活聯繫起來。來自生活的知識最容易讓學生產生興趣和共鳴，也最能讓學生產生探究願望，也最容易把探究成果應用於實際生活中，體現探究的效果。本節課以學生平時生活中所常見的電池應用來引入，並通過生活中可以說是必不可少的水果來做電池，激發學生的學習興趣，體現了「世界是學生的教材」的理念，以此體現從「生活→化學→社會」的教學思想，充分展現了化學的社會價值。(2) 通過合作學習與探究性學習來突出重點，突破難點。從教材上分析，本節課中，教學重點是原電池的組成及其工作原理，教學難點是原電池的形成條件，從電子轉移角度理解化學能轉化為電能的本質。案例三設計了兩個探究性實驗，通過教師引導，學生小組合作實驗、分析、歸納與總結，著重探討了化學能與電能的轉化及原電池的形成條件，從實驗現象抽象出現象的本質，從而理解原電池的概念。(3) 突出了學生的主體地位。本節課學生自己動手做實驗，分析實驗現象並得出實驗結論，真正體現了以學生為主體的理念，學生在課堂上也能真正體驗實驗成功的喜悅與實驗失敗所得經驗與教訓，有效培養學生的實驗動手操作及分析觀察能力。(4) 充分發揮了多媒體的輔助作用。多媒體在教學中發揮了展示事實、創設情境、提供示範、呈現過程、微觀模擬、設疑思辨等方面的作用，在講解火力發電知識、原電池實際應用展示的教學設計中，多媒體的恰當運用充分體現了多媒體形象直觀的特點，為教學節約時間。對於本節課的教學難點———原電池的原理，通過借助多媒體，利用動畫對原電池微觀模擬，使學生從微觀角度進一步認識原電池的原理，化抽象為具體，易於理解，突破難點。(5) 課後練習設置合理。讓基礎差一點的學生學得進去，讓基礎一般的學生學得明白，要讓基礎好一點的學生學得透徹。本節課在學生瞭解了原電池的相關知識後，在課後練習鞏固中設置了必做練習和選做練習，學生可以根據所學知識的情況，來解決問題。在選做練習中可開拓學生的思維，暢所欲言，提出自己的設想來分析與解決問題，當好「醫生」。有些方法可能還不是很完善，但在思考過程可不斷鞏固所學的知識。

拓展：

對學習內容較為深刻的理解和掌握是通過學生主動建構來達到的，而不是通過教師向學生傳播資訊獲得的。因此，新課程強調教學設計要以學生為中心，強調教學環境的設計，強調利用各種資訊資源來支持學生的自主學習和協作學習，強調學習過程的最終目的是完成對新知識的意義建構。教師在進行教學設計時，可以先分別進行以下線索的設計，再將其整合成一個完整的教學設計。

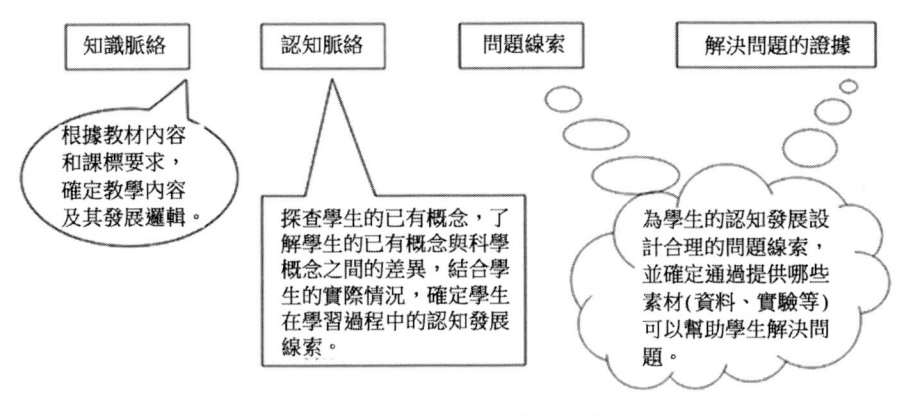

知識脈絡：根據教材內容和課標要求，確定教學內容及其發展邏輯。

認知脈絡：探查學生的已有概念，了解學生的已有概念與科學概念之間的差異，結合學生的實際情況，確定學生在學習過程中的認知發展線索。

問題線索

解決問題的證據：為學生的認知發展設計合理的問題線索，並確定通過提供哪些素材(資料、實驗等)可以幫助學生解決問題。

圖 8-1 教學設計的系統組成

思考題

1. 如何理解「重視『活動體驗』，讓學生從課堂走向生產過程」？請以「化學‧技術‧可持續發展」這一主題為例，進行闡述。

2. 化學教學設計的評價需要遵循哪些原則？請舉例說明。

3. 結合具體化學學習內容談談你對「運用多種教學手段促進學生對抽象概念的理解和掌握，建立宏觀現象與微觀構成和符號之間的有意義聯繫」的理解。

4.「有機化學基礎」模組中出現了大量有機化合物分子空間結構，需要學生具有較強的空間想象能力，教學中需要採用各種直觀手段，請以「同分異構體」為例談談你的理解。

實踐探索

「實驗化學」模組的教學要兼顧知識與技能、過程與方法、情感態度與價值觀三個維度的教育，教學中需要注意引導學生運用化學原理知識理解化

學實驗技術的內涵與操作要點，理論與實際相結合，請選擇高中化學選修模組「實驗化學」教材中的任意一節內容，嘗試運用學習理論、教學理論、傳播理論和系統理論進行分析，進行這節課的教學設計，想想應如何讓學生通過實驗過程來理解化學原理，同時進行過程與方法教育？完成後，請與其他同學交換進行教學設計的評價，並總結你的收穫，撰寫反思日記。

拓展延伸

請以「物質組成成分的檢驗」為例進行教學設計，注意以實驗活動的設計、操作指導為基本內容，注意創設情境，引導學生發現問題，進行探究，避免變成按實驗步驟「照方抓藥」。自行設計教學設計評價量表，嘗試進行評價並反思。

附錄：中學化學教學設計案例賞析

　　我們精選了三個教學設計案例，作為同學們學習的參考，學習時請與本書前面的理論陳述結合起來，以加深對教學設計基礎理論的理解。同時請思考，如果是你來設計這節課，會怎樣設計呢？學習貴在能舉一反三，快來試一試吧！

案例一：化學能與電能

一、教材分析

(一) 本節教材的地位與作用

學習內容前後聯繫

本節課的主要內容有：原電池的概念、原理，組成原電池的條件。原電池原理和組成條件是本節課的重點。第二課時的主要內容是：介紹幾種常見的化學電源在社會生產中的應用。通過原電池和傳統乾電池 (鋅錳電池) 初步認識化學電池的化學原理和結構，並不要求上升為規律性的知識；通過介紹新型電池 (如鋰離子電池、燃料電池等) 體現化學電池的改進與創新，初步形成科學技術的發展觀。激發學生對科學知識的求知慾。

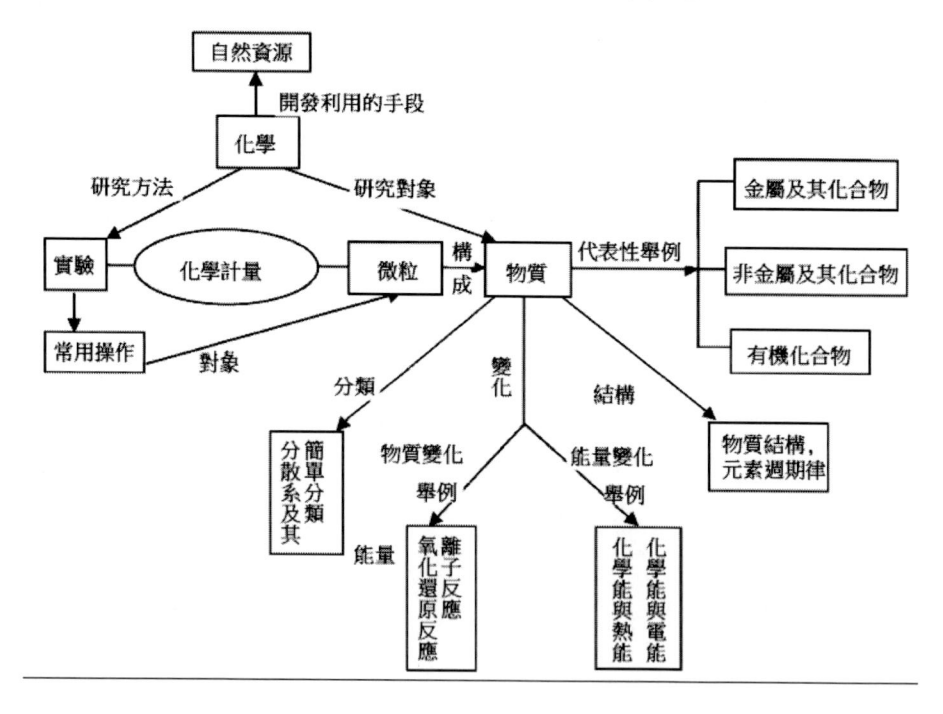

承前啟後

原電池原理是中學化學重要基礎理論之一，是課標要求的重要知識點。國中化學已經從燃料的角度初步學習了「化學與能源」的一些知識，在選修

模組「化學反應原理」中,將從科學概念的層面和定量的角度比較系統深入地學習化學反應與能量。本節既是對國中化學相關內容的提升與拓展,又為選修「化學反應原理」奠定必要的基礎。

知能雙修

　　原電池原理教學是對前面有關金屬性質和用途、電解質溶液、氧化還原反應本質、能量守恆原理等教學的豐富和延伸,同時,原電池原理教學過程中實驗現象的觀察、分析、歸納、總結和實驗探究也是培養學生科學思維能力、實驗能力的很好素材。

(二) 教學目標

知識與技能

　　1. 瞭解化學能與電能的轉化關係及其應用。

　　2. 掌握原電池的概念、原理和構成條件,並提高科學探究的能力。

　　3. 通過自主實驗進一步提高實驗觀察能力、現象分析能力以及與他人交流、合作的能力。

過程與方法

　　1. 通過教師創設的問題情境,學生進行實驗探究,自主建構原電池概念,理解和掌握原電池原理。

　　2. 通過經歷假設與猜想、設計方案、進行實驗、總結實驗現象、得出結論、應用結論解決問題的過程,學習科學探究的方法。

情感態度與價值觀

　　1. 通過對中國電力狀況的探討和火力發電利弊分析,樹立正確的能源觀、環保觀、轉化觀,增強社會責任感與使命感。

　　2. 通過原電池實驗設計體會到科學探究的艱辛與喜悅,以及化學在生活中的巨大實用價值,進一步激發學習化學的興趣和信心。

(三) 教學重難點

教學重點

初步認識原電池概念、原理、組成及應用。

教學難點

從電子轉移角度理解化學能向電能轉化的本質。

二、學情分析

知識儲備

此階段的學生具備了電解質、氧化還原反應、能量守恆原理的相關理論知識。對日常生活中的化學電池有很深的感性認識，但由於之前沒有電化學的基礎，所以在理解原電池原理時有一定的難度。

能力層次

此階段的學生已具備了一定的分析問題的能力與合作探究的精神。

情感態度

此階段的學生對於能源危機與環境保護已有一定的關注。

三、教法與學法分析

教法分析

啟發講解法、問題情境法、微觀演示法、實驗探究法

學法分析

結合本教材的特點及所設計的教學方法，用「實驗探究法」開展學習活動，以學生自己為主體，以生活經驗為起點，利用「拋錨式」建構主義教學法教學，以實驗為線索，通過教師引導，由學生通過直觀、鮮明的實驗現象和實驗數據，經過處理、分析、歸納來研究原電池原理和形成條件，讓學生參與到發現問題、思考問題和解決問題中，把學習過程和認知過程有機地統一起來，化被動接受為主動探索，使學生自主完成知識建構，感受到學習的樂趣。另外輔以觀察法、小組討論法以及歸納法來學習本課時內容。

四、教學過程設計

教學環節	教師活動	學生活動	設計意圖
[環節一] 創設情境， 導入新課	創設情境一：沿著科學史中人類對電的認識歷程提出電的問題 創設情境二：呈現 2001 年中國發電總量構成圖、火力發電的相關圖片。分析火力發電中能量的轉化方式。 【板書】化學能與電能的相互轉化 【創設情景】若每個環節的能量轉化效率為 90%，則最終的總能量利用率為多少？ 【問】火力發電有哪些優點和缺點呢？ 【激疑】針對火力發電的缺點，能否通過某些方式將化學能直接轉化為電能。	【傾聽聯想】 【閱讀課本】 【討論分析】火力發電的能量轉換方式。 【計算】 【思考】火力發電的利與弊。	培養學生的科學史觀通過對火力發電能量轉化的分析，使學生認識到化學能在生活中的巨大實用價值；針對火力發電效低的弊端，讓學生尋找改進方法的意識，從而引出本節課的主題———化學能與電能的轉化。
[環節二] 理論分析， 疏通思路	回顧國中物理知識中對電流的定義，思考電流產生的條件？有電子移動的反應有哪些？怎樣讓氧化還原反應實現化學能向電能的直接轉化？ 【過渡】現在帶著這個問題，我們今天從實驗入手，探討把化學能轉換為電能的過程。	【思考交流】	教師逐步引導，引導學生建立科學的思維過程。同時為後面原電池原理的講解埋下伏筆。
[環節三] 自主實驗， 理解原理	①將銅片、鋅片同時插入稀硫酸中，但不接觸。 ②將銅片、鋅片用導線連接起來，並在銅片、鋅片連接的導線中接入一個靈敏電流計。 【教師小結】電流表指針偏轉 →有電流產生 →產生電能 →物質中的化學能直接轉化為電能 →整個裝置叫原電池。 【板書】原電池：把化學能轉化為電能的裝置 【思考】為什麼在銅片表面有氣泡產生？你認為這種氣體可能是什麼？鋅片和銅片上可能分別發生什麼反應？	【實驗、觀察、思考、記錄】小組合作實驗，觀察、記錄實驗現象。 【學生描述實驗現象、分析原因】	自主實驗，培養學生的觀察能力、實驗操作能力；通過對實驗現象的分析，培養學生分析問題的能力；引出了原電池的科學定義。

	【動畫模擬】原電池微觀原理。 【詳細分析】原電池原理。 當把用導線連接的鋅片和銅片一同浸入稀硫酸中時，由於鋅比銅活潑，容易失去電子，鋅被氧化成 Zn^{2+} 而進入溶液，電子由鋅片通過導線流向銅片，溶液中的 H^+ 從銅片獲得電子被還原成氫原子，氫原子再結合成氫氣分子從銅片上逸出。 【板書】 1. 銅鋅原電池電極反應： 鋅片：$Zn-2e^- = Zn^{2+}$（氧化反應） 銅片：$2H^++2e^- = H_2\uparrow$（還原反應） 總反應：$Zn+2H^+ = Zn^{2+}+H_2\uparrow$ 2. 原電池的電極名稱 負極：電子流出一極（如鋅片） 正極：電子流入一極（如銅片）	【傾聽、理解】	借助動畫模擬電解質溶液中離子的運動情況。變抽象為具體，從現象到本質，從而幫助學生直觀地理解原電池的原理；教師再通過板書分析，讓學生加深對原理的理解並掌握電極方程式的書寫，正負極的判斷，突破難點。
[環節四] 知識運用， 探究條件	【過渡】上面我們通過實驗及分析瞭解了原電池的工作原理，初步形成了原電池的概念。那麼，你能否設計一個原電池呢？ 【科學探究】根據已有的氧化還原反應知識和電學知識，利用已有的實驗用品，設計一套原電池裝置。主要用品：鋅片、銅片、石墨棒、鐵釘、稀硫酸、酒精溶液、導線、電流表、500ml 燒杯等。 【小組展示】各組展示自己設計的裝置並進行實驗。 【教師引導】原電池由哪幾部分組成？各部分應滿足什麼條件？ 【師生總結】原電池的構成條件。 【自我評價】對照原電池的構成條件，評價自己設計的原電池是否合理。	【小組合作，設計、實施實驗，記錄實驗現象】 原電池組成： 1. 活潑性不同的電極。 2. 有電解質溶液。 3. 電極和電解質溶液形成閉合迴路。 4. 能自發地發生氧化還原反應。 【組間交流與評價】	讓學生體驗科學探究的過程。培養學生實事求是的科學態度和認真、細緻的工作作風。進一步理解原電池的原理，得出構成原電池的條件。
[環節五] 回顧知識， 提升小節	【回顧知識】原電池（定義、原理、構成條件） 【聯繫實際】原電池作為新能源具有無污染、能源效率高、無噪聲、運行平穩的優點，但作為大型車輛的動力來源時成本高，目前還處於研究中，並用 PPT 展示環保車、混合動力車的圖片。	【回顧知識】觀看圖片，思考為何沒有大量使用原電池這種新能源。	理論聯繫實際，使學生將所學知識與生活、社會聯繫起來，體現了 STS 教育思想。

| [環節六] 課後拓展，鞏固練習 | 【課堂演練，綜合運用】判斷哪些裝置構成了原電池？若不是，請說明理由；若是，請指出正負極名稱，並寫出電極反應式。哪些反應在理論上可以設計為原電池？
【實踐活動，拓寬視野】根據構成原電池的條件，利用水果如蘋果、柑橘、檸檬或番茄等製作簡易原電池。 | 完成練習與作業。 | 習題主要針對本節課的重難點設計，提升學生對知識的綜合運用能力，同時也是本節課教學的一個很好的反饋。從生活實際入手，獲取感性材料，增強化學趣味性。 |

五、板書設計

化學能與電能

原電池定義：將化學能轉化為電能的裝置。

1. 銅鋅原電池電極反應

鋅片：$Zn-2e^- \longrightarrow Zn^{2+}$（氧化反應）

銅片：$2H^++2e^- \longrightarrow H_2 \uparrow$（還原反應）

總反應：$Zn+2H^+ \longrightarrow Zn^{2+}+H_2 \uparrow$

2. 電極名稱

負極：電子流出一極（如鋅片）。正極：電子流入一極（如銅片）。

3. 原電池的形成條件

(1) 兩種活潑性不同的金屬（或一種金屬與另一種非金屬導體）構成電極。(2) 電解質溶液。(3) 構成閉合迴路。(4) 能自發地發生氧化還原反應。

簡稱：一液、二極、三接觸、四有反應。

教師點評：本節課設計的最大特點是基於建構主義理論，創設豐富的情境，沿著科學史中對於電的認識過程，追根溯源到電的化學本質，充分利用學生已有的經驗，以及電學、化學反應中能量變化和氧化還原反應等知識，調動學生主動探索科學規律的積極性。通過實驗探究，引導學生從電子轉移角度理解化學能向電能轉化的本質，以及這種轉化的綜合利用價值。使學生能達到知識遷移、同化，促進學生的協作與交流，最終實現意義建構，基本立足點是重視概念形成與發展的思維過程，即知識建構的動態過程。

案例二：原電池

一、背景分析

1. 教材分析

　　本節內容以原電池常識為基礎，通過進一步分析原電池的組成，探究其中的原理，引出半電池、鹽橋、內電路、外電路等概念，能很好地全面體現本教材的目標特點。教材從實驗入手，通過觀察實驗，然後分析討論實驗現象，從而得出結論，揭示出原電池原理，最後再將此原理放到實際中去應用，這樣的編排，由實踐到理論，再由理論到實踐，符合學生的認知規律，體現新課標中關於理論、實驗、STS(科學 —技術 —社會)的相關要求 ———經歷對化學物質及其變化規律進行探究的過程，進一步理解科學探究的意義，學習科學探究的基本方法，提高科學探究能力。同時，本節課的學習也為學生學習第二節的化學電源做了知識上的準備，為學習電解池並歸納化學能與電能的相互轉變奠定堅實的基礎，因此，本節在知識體系中起著承上啟下的作用。鑒於課程標準對電極電勢等概念不做要求，在理論方面控制了知識的深度，因此在教學中只需要借助氧化還原反應理論、金屬活動性順序以及物理學中的電學知識，對有關問題進行一些定性的介紹和分析(如對原電池中正、負電極的判斷，設計原電池時對正、負電極材料和電解質溶液的選擇，以及對電極反應產物的判斷等)，只要求學生能寫出相關的電極反應式和電池反應式，對化學的研究和應用只需有一個大概認識即可。

2. 學情與學法分析

　　從學生現有認知水平來看，在學生學習本節課之前，已經對原電池及工作原理有了一定的認識，並具有氧化還原反應、離子反應等理論知識，所以基本具備了進一步學習原電池的基礎。學生對新鮮事物有強烈的好奇心和探索慾望，對老師的講授敢於質疑，有自己的想法和主見，並且具備了初步的探索能力。但是，學生在微觀原理分析能力和感性的實驗體驗上有所缺乏。因此，可以利用多媒體和邊講邊實驗的方法有效地解決可能遇到的問題和困惑。

　　從學生的思維發展層次來看，學生的形象思維已充分發展，抽象思維也

正在迅速發展之中。實驗探究是讓學生在具體實驗事實的基礎上分析問題，得出結論，符合學生的思維特點，有利於在形象思維的基礎上發展學生的抽象思維。但學生的抽象思維和探索能力畢竟還處於初級階段，尚不成熟，這就決定了他們還不能成為完全獨立的探索主體，探索活動需要在教師的組織引導下，有目的有計劃地進行。

從教育心理學角度講，學生的學習方式有接受和發現兩種。傳統學習方式過分強調接受和掌握，忽視了發現和探究，從而導致大量的學生厭學。本節課中，我將引導學生採用研究性、發現性學習方法進行學習活動，使學習過程更多地成為學生發現問題、提出問題、分析問題、解決問題的過程。

二、教學目標

1. 知識與技能：①在化學能與電能的基礎上，理解原電池的工作原理，瞭解簡單原電池的不足並能進行改進。②初步學會實驗研究的方法，能設計並完成化學能與電能轉化的化學實驗。③理解構成原電池的條件，掌握電極反應式的書寫。

2. 過程與方法：①經歷化學能與電能轉化的化學實驗探究的過程，進一步理解探究的意義，提高科學探究的能力。②能對自己探究電池概念及原電池改進的過程進行計劃、反思、評價和調控，提高自主學習化學的能力。

3. 情感態度與價值觀：①發展學習化學的興趣，樂於探究化學能轉化成電能的奧秘，體驗科學探究的艱辛和喜悅，感受化學世界的奇妙與和諧。②贊賞化學科學對個人生活和社會發展的貢獻，關注能源問題，逐步形成正確的能源觀。

三、教學重點和難點

1. 教學重點：①原電池的工作原理，構成條件、電極名稱和電極反應。②對簡單原電池的改進。

2. 教學難點：從學生現有認知水平出發，因為學生欠缺對簡單原電池進行改進的知識經驗，因而無法確定與學生學情相符的先行組織者，引導教學活動的順利進行。因此，把對簡單原電池的改進確定為本節教學難點。

四、教學方法

實驗探究法，即引導學生通過對原電池產生電流現象的觀察和分析，發現原電池在實現能量轉化過程中存在的矛盾，並設想解決矛盾的思路，理解現有的解決矛盾的方法。化學是一門以實驗為基礎的學科，實驗事實是最具有說服力的。本節課以實驗事實設疑，又以實驗事實釋疑，讓學生從直觀、生動的實驗中發現問題，進一步引導學生進行推理和分析，再通過實驗驗證分析的結果。這樣得出的結論，學生才能真正理解和牢固掌握。本節課採用多媒體教學、學生分組實驗與教師演示實驗相結合的教學手段。

五、教學過程設計

1. 教學流程

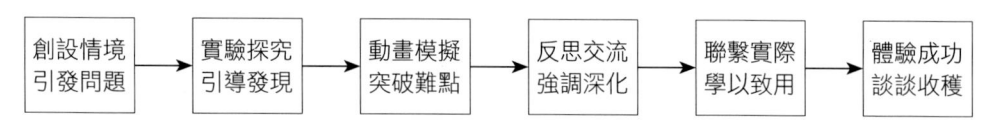

創設情境引發問題 → 實驗探究引導發現 → 動畫模擬突破難點 → 反思交流強調深化 → 聯繫實際學以致用 → 體驗成功談談收穫

2. 教學過程

(1) 情境激趣，引入課題

觀看有關氯鹼工業、電鍍、電冶金工藝和各類電池的圖像，請學生根據圖片總結電化學的研究對象。

【設計意圖】新課引言，需要從知識的系統性方面讓學生對本章內容有一個總體認識。通過播放圖像，幫助學生對電化學的研究領域形成一些感性認識，瞭解電化學是研究化學能與電能的相互轉換裝置、過程和效率的科學，瞭解電化學包含的兩種反應過程與能量轉換的關係。

(2) 課前復習，溫故知新

【練習】哪些裝置能組成原電池？

【設計意圖】請學生回憶原電池的反應本質和構成原電池的條件。

(3) 發現問題，實驗探究

教材中的實驗 4-1 是用鹽橋將置有鋅片的 $ZnSO_4$ 溶液和置有銅片的 $CuSO_4$ 溶液連接起來，引導學生觀察實驗現象。原電池、鹽橋這部分知識很

抽象，學生不易理解，不容易掌握，這也是本節課的難點。因此，根據「最近發展區」理論，在引導學生探究實驗 4-1 之前，增加了兩個補充實驗，以便學生發現簡單原電池不能持久放電的缺點，從而進一步探究原電池持續放電的模式，進行原電池的改進，層層深入。這樣，學生接受起新知識不至於梯度太大，也可充分發揮學生的主觀能動性，激發學生的求知慾望。

簡單原電池的能量轉化效率———提出問題。

實驗 1：將鋅片和銅片分別通過導線與電流計連接，並使鋅片和銅片直接接觸，然後浸入盛有 $CuSO_4$ 溶液的燒杯中。

實驗 2：將鋅片與銅片分別通過導線與電流計連接，並使鋅片和銅片不直接接觸，再同時浸入盛有 $CuSO_4$ 溶液的燒杯中 (如下圖所示)。

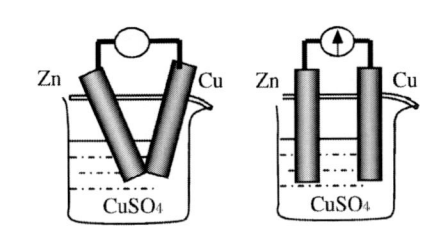

【設計意圖】通過學生分組實驗，根據現象進行討論、歸納，分析原因，提出問題。現象：實驗 1 中電流計指針不發生偏轉，銅片表面有紅色的銅析出。實驗 2 中電流計指針發生偏轉，銅片表面有紅色的銅析出。

提出問題：上述實驗裝置構成了原電池嗎？為什麼？

引導學生分析歸納：實驗 1 中，銅不與 $CuSO_4$ 溶液反應，銅片表面卻有紅色的銅析出，且鋅片逐漸溶解，說明原電池發生了電極反應，用物理學的電學知識可判斷電流計指針不動，是因為鋅片直接接觸，形成迴路，而通過電流計的電流極其微弱，無法使指針偏轉。實驗 2 中，裝置構成了原電池，因為銅片與鋅片沒有直接接觸，所以電流計指針偏轉。

引導學生觀察現象：隨上述實驗時間的延續，電流計指針偏轉的角度逐漸減小，最後沒有電流通過，同時鋅片表面逐漸被銅覆蓋。

考慮到學生的知識遷移能力和概括能力不是很強，啟發學生根據觀察現象繼續總結，分析原因：由於鋅片與 $CuSO_4$ 溶液直接接觸，反應一段時間後，

難以避免溶液中有 Cu^{2+} 在鋅片表面被直接還原，一旦有少量銅在鋅片表面析出，向外輸出的電流強度減弱，當鋅片表面完全被銅覆蓋後，反應就終止了，也就無電流再產生。該簡單原電池是一個低效率的原電池，不能持續對外提供電能，低效率的原因是 Zn 與 $CuSO_4$ 溶液直接接觸才能在鋅片上析出銅。

從不穩定因素著手（銅離子與鋅片接觸），作為原電池，其功能是將化學能轉換成電能，上述實驗中負極上的變化勢必影響原電池的供電效率。結合生活實例：電池當然是放電越久越好，引導學生探究這樣的原電池如何工作，如何持續放電！

提出問題：(1) 怎樣阻止溶液中的 Cu^{2+} 在負極鋅片表面被還原？

(2) 如何使原電池持續、穩定地產生電流呢？

探究原電池持續放電的模式，分析、解決問題。

猜想與假設：把氧化劑和還原劑分開，不直接接觸，這樣就可以持續放電。

引導學生集體製訂計劃。

根據以上方案進行學生分組探究實驗。

收集證據並解釋。

得出結論。

【設計意圖】通過探究，讓學生理解到，只要加上一個裝置，使自由離子能發生定向移動的話，就能形成原電池。學生通過自己設計並成功地嘗試實驗，親歷實驗並感悟原電池的構成條件和工作原理，獲得結論，體驗到學習的樂趣，體會了科學實驗的嚴謹，主動建構了屬於自己的認知體系。

演示實驗：分析所設計的帶鹽橋的原電池的工作原理。

此時，由教師引入鹽橋的概念並結合插圖講解鹽橋是如何使兩個燒杯中的溶液連成一個通路的。

【設計意圖】教師引導學生共同構建新的原電池，並提出鹽橋的概念。通過一系列的探究，讓學生瞭解鹽橋的作用。

播放電腦動畫，幫助學生理解原電池的工作原理。

【設計意圖】原電池的工作原理是微觀原理，而學生缺乏微觀原理分析能力，雖然學生通過實驗探究觀察到了鹽橋存在時可以產生持續、穩定的電流，但從微觀上仍有疑惑，難點並沒有完全突破。這時，給學生播放電腦動畫，可以很形象、很直觀地使學生理解原電池的工作原理。

　　歸納總結：從上述實驗可以看出，原電池由兩個半電池組成，中間通過鹽橋連接起來。利用啟發式教學，引導學生根據氧化還原反應方程式寫出電極及電極反應式、電池反應方程式，使學生理解閉合電路的形(內電路、外電路)。

　　視頻：電池的應用現狀和發展前景。製作電池，如乾電池、蓄電池。防止金屬被腐蝕，如鍍鋅管，用鋅保護鐵。

　　【設計意圖】讓學生感性認識化學能與電能的轉化和原電池在我們日常生產、生活中所起到的重要作用，實現情感態度與價值觀的目標之一——贊賞化學科學對個人生活和社會發展的貢獻，關注能源問題，逐步形成正確的能源觀。

　　(4) 總結回顧，自我測評。引導學生根據板書來梳理知識結構，構建知識網路，通過課堂練習來熟悉新知識。課堂練習：根據探究實驗的原理，按 $Cu+2AgNO_3 \longrightarrow Cu(NO_3)_2+2Ag$ 的反應設計一個能持續產生電流的原電池裝置，畫出裝置圖。

　　【設計意圖】課堂練習是學生本節課知識掌握情況的重要反饋形式，可以及時而有效地反映出構建新知識的情況，也是對學生舉一反三、觸類旁通的學習能力的一種測評。

六、板書設計：

原電池

　　一、原電池的概念：直接將化學能轉變成電能的裝置。

　　二、原電池的本質：氧化還原反應

　　三、構成原電池的條件：簡稱「兩極一液一線」

　　四、實驗探究問題：根據 $Zn+CuSO_4 = ZnSO_4+Cu$ 這個反應，設計一個原

電池，實驗儀器和藥品任選，並組織學生實驗。

五、對實驗的改進：發現問題→尋求解決的方法→對實驗進行改進。

教師點評：本節課以學生為主體，以社會生活中有關原電池的實例為切入點，通過實驗探究發現簡單原電池的能量轉化效率低的缺點，進行改進，探究原電池可以持續放電的模式，發展學生的化學興趣，提高學生的科學探究能力和科學素養。教師在教學設計中注意了學生的認知特點和已有知識水平，教學環節緊緊圍繞探究過程展開，促進學生思考，精心設計和補充的實驗降低了學生的學習難度，實現了在最近發展區內促進學生學習的目的。

案例三：電浮選凝聚法的優化設計

【課時安排】2課時

【教學對象】高三學生

【教材分析】本節選自污水處理———電浮選凝聚法，是在《獲取潔淨的水》和《電解池》的基礎上進行的教學，教材介紹了運用電解的原理實現污水淨化的方法，在進一步的學習中，學生需要將已有的知識進行聯繫整合，進一步探索優化電浮選凝聚法。

【學情分析】

(1) 知識分析

在前面的學習中，學生已經掌握了電解的原理，也已經瞭解了沈澱、混凝法(吸附)、膜分離(離子交換)、微生物等淨化水的方法，對本實驗有充分的理論知識儲備。學生已經在實驗室完成了電浮選凝聚法的相關實驗，掌握了實驗裝置、原理以及實驗現象。但對於本實驗中存在的不足，並沒有深入地分析探討。

(2) 能力分析

學生已經具備了分析電極反應並書寫電極反應方程式的能力，具有較強的實驗觀察能力、資訊提取能力、對實驗現象分析歸納和總結的能力，具有一定的實驗優化改進能力，在教師的引導和啟發下，學生能夠自主探究，通過頭腦風暴分析實驗存在的不足，並對實驗進行優化設計。

【教學目標】

1. 知識與技能

(1) 能運用電浮選凝聚法的實驗裝置和工作原理及物理學中電阻的知識解決電解效率低的問題。

(2) 圍繞綠色化學理念，探究更加高效、環保的電浮選凝聚法實驗方案。

(3) 通過探究，提高電浮選凝聚法處理污水的效率，提高創新實驗改進能力及通過化學實驗整合知識的能力。

2. 過程與方法

(1) 通過電浮選凝聚法的改進活動，學會思考，逐步掌握改進綠色化、高效化實驗的思路與方法。

(2) 通過觀察、思考、分析、比較和歸納，進一步形成科學的思維方法和實驗創新的能力。

3. 情感態度價值觀

(1) 通過探究，激發學習化學的激情，認識化學在解決水體污染問題中起到的作用，理解化學的知識價值和社會價值，形成看待問題的辯證觀，增強環保意識、關注社會的意識和社會責任感。

(2) 形成高效、節能、經濟、環保的綠色化學思想，形成嚴謹的科學態度及主動參與、團隊合作的精神。

【教學重點】電浮選凝聚法的優化設計。

【教學難點】改進電浮選凝聚法處理污水實驗的思路與方法。

【教學方法】啟發式教學、探究學習、合作學習、頭腦風暴、實驗法。

【教學媒體】PPT、實驗裝置。

【教學設計】

一、教學流程設計

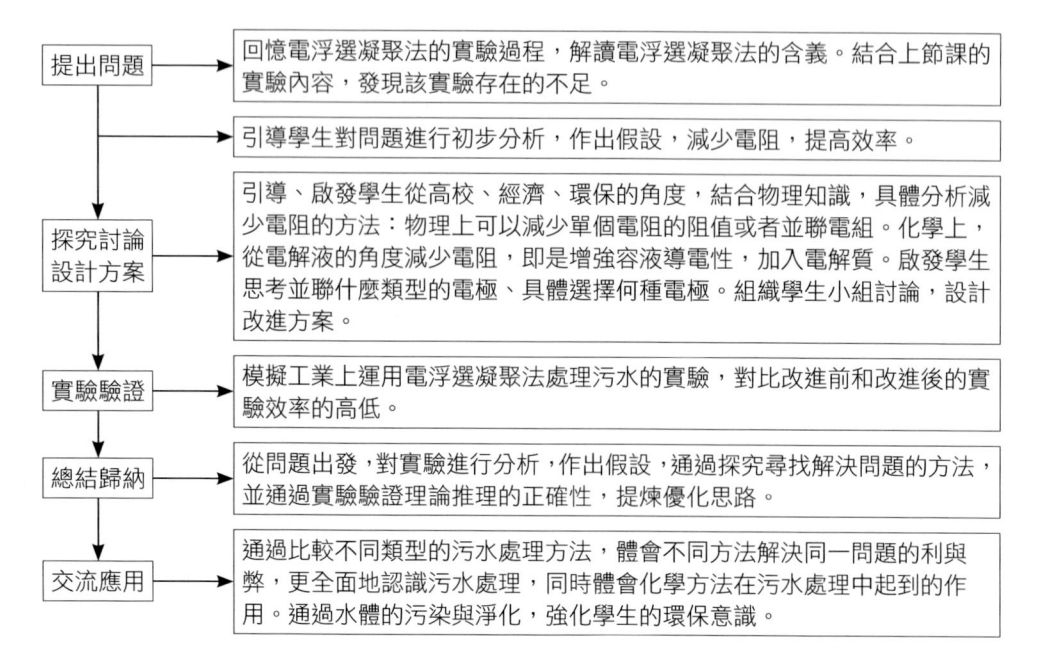

```
提出問題 → 回憶電浮選凝聚法的實驗過程，解讀電浮選凝聚法的含義。結合上節課的
           實驗內容，發現該實驗存在的不足。
    ↓
          引導學生對問題進行初步分析，作出假設，減少電阻，提高效率。
    ↓
探究討論 → 引導、啟發學生從高校、經濟、環保的角度，結合物理知識，具體分析減
設計方案   少電阻的方法：物理上可以減少單個電阻的阻值或者並聯電組。化學上，
           從電解液的角度減少電阻，即是增強容液導電性，加入電解質。啟發學生
           思考並聯什麼類型的電極、具體選擇何種電極。組織學生小組討論，設計
           改進方案。
    ↓
實驗驗證 → 模擬工業上運用電浮選凝聚法處理污水的實驗，對比改進前和改進後的實
           驗效率的高低。
    ↓
總結歸納 → 從問題出發，對實驗進行分析，作出假設，通過探究尋找解決問題的方法，
           並通過實驗驗證理論推理的正確性，提煉優化思路。
    ↓
交流應用 → 通過比較不同類型的污水處理方法，體會不同方法解決同一問題的利與
           弊，更全面地認識污水處理，同時體會化學方法在污水處理中起到的作
           用。通過水體的污染與淨化，強化學生的環保意識。
```

二、教學過程設計

教學環節	教學內容	教師活動	學生活動	設計意圖
提出問題	【知識回顧】結合上節課在實驗室進行的電浮選凝聚法處理污水的實驗，解讀「電浮選凝聚法」的含義。	引導學生回憶電浮選凝聚法的實驗裝置和原理。	回憶上節課做過的實驗，復習電浮選凝聚法的實驗裝置和原理。	通過復習，回顧已有知識，為本節課的學習打下基礎。
	【引發思考】結合實驗現象，分析實驗原理，思考在污水處理過程中，存在哪些不足？（淨水效率低）	結合上節課的實驗過程，引導學生發現實驗存在的不足。	結合做過的實驗分析原因，發現不足。	鍛鍊學生發現問題和分析問題的能力。
做出假設	【深入啟發】分析導致效率低的原因是什麼？做出合理假設。【學科交匯】利用物理學的知識，將電解裝置轉化為物理電路圖。	引導學生從減小電阻的角度對實驗存在的不足進行分析。	從現象出發，結合實驗原理，分析效率低的原因。利用物理學知識解決化學問題，實現跨學科的知識應用和整合。	鍛鍊學生靈活運用跨學科知識解決問題的能力。

探究討論 設計方案	【深入思考】哪些方法可以減小電阻？從電解液和電極的角度對實驗進行分析改進。 【組織討論】以小組為單位思考回答以下問題： 1.增加一個電極的目的是什麼？ 2.Fe電極可不可以換？ 3.選擇增加什麼類型、什麼材質的電極？ 基於對以上問題的回答，從提供的電極中選擇合適的電極，設計改進方案。	引導學生從減小電阻的角度進行分析。提供不同材質的電阻供學生選擇：Fe、C、Pt電極。 讓學生進行自主探究實驗裝置的改進方案。組織學生進行小組討論，提供適當的幫助。組織學生進行成果交流和分享。	從減小電阻的角度進行分析，減小電阻有哪些具體方法？既可以通過減小單個電阻的阻值而減小總電阻，也可以通過並聯電阻減小總電阻。 認真思考、交流討論，大膽地提出實驗改進方案。展示小組討論結果。 基於對以上問題的思考，從提供的電極中選擇合適的電極，設計出改進的方案。	鍛鍊學生能動、持續、細緻和系統地思考優化的具體方法，深入思考選擇該方法的理由及其進一步指向的結論。 鍛鍊學生的表達能力，提高自信心。
實驗驗證	通過模擬電浮選凝聚法的工業污水淨化實驗，驗證「三電極」是否具有實際操作的優勢，對比「二電極」裝置和「三電極」裝置在效果上存在的差異。	在實驗過程中引導學生回顧實驗改進的過程，體會實驗改進的方法，增強學生對該實驗改進思路和方法的認識。	仔細觀察實驗現象並積極動腦思考。學會高效、節能、經濟、環保的實驗設計理念和整合、歸納、統籌、優化創新實驗的思路與方法。	理論設計是否可行，需要實踐的檢驗。若達到預期效果，師生共同體驗成功的喜悅。反之，則進一步反思和優化，思考科學與技術的差別，感受技術開發的重要性。
歸納總結	【探索過程】發現問題→作出假設→探究討論→實驗驗證。	引導學生回憶實驗改進步驟，提煉科學實驗改進方案的探索過程。	回憶實驗改進的步驟，形成實驗改進的探究思想。	樹立嚴謹的科學態度，形成科學的探究思想。

交流應用	【結束語】讓一杯污水變成一杯純淨水，可能要耗費科學家們畢生的經歷去開發污水處理的方法。而讓一杯乾淨的水變成一杯污水則只是瞬間而已。水是孕育希望的源頭，請不要讓後人只能擁抱牆壁上的大海！	通過教學情感和價值觀的提升，激發學生的學習動機與社會責任感，培養學生的人文素養。	通過本節課的內容，感受化學方法處理污水的優缺點，辯證地認識污水處理在生活生產中起到的實際作用。認識污水處理不是萬能的，珍視水資源，從源頭上避免污染才是最根本的解決方法。	引導學生認識污水處理不是萬能的，珍視水資源才是最根本的解決方法。強化環境保護意識。
	【佈置課外探究】請同學們查閱相關資料，瞭解處理污水的物理、化學、生物方法，並分析它們的優缺點，設計表格、展示交流。	提供課外自主學習的策略。	小組協作，課外探究。查閱相關資料，瞭解處理污水的其他方法，分析、比較它們的優缺點，設計表格、展示交流。	培養學生解決問題的能力。

板書設計

電浮選凝聚法的優化設計

一、提出問題：效率低。

二、做出假設：減小電阻，提高效率。

三、探究討論：1. 加入電解質；2. 並聯電極。

四、模擬實驗

教師點評：本節課是參加東芝杯比賽的教學設計，重在突出探究和創新。本節課一直在引導學生通過探究進行學習。教學設計的創新之處包含以下三個方面。

1. 教學創新：注重提高學生的思維品質

本節課的教學沒有止步於該實驗的完成，而是啟發學生針對實驗存在的不足展開進一步的深入探究，分析原因，進行實驗的優化。主要採用啟發式和探究式教學，重在學生思維品質的提升，主要體現在思維的深刻性、靈活性、獨創性、批判性和系統性等方面。

(1) 深刻性。本節課是在學生對電浮選凝聚法淨水效果有了感性認識的基

礎上，發現問題，去粗取精、由表及裡，抓住事物的本質與內在聯繫，認識到淨水的效率與整個體系的電阻之間的內在聯繫。思維的深刻性集中表現為在學習活動中深入思考問題，善於概括歸類，邏輯抽象性強，善於抓住事物的本質和規律，開展系統的理解活動，而非僅僅停留在直觀水平上。

(2) 靈活性。本節課的學習會促進學生學會從不同角度、方向、方面，用多種方法來解決問題，其中體現了學科交匯的思想。降低電阻，從裝置上分析，可以從電解液和電極兩方面入手；從化學的角度，可以增強電解液的導電性，增大電極的表面積等；從物理的角度，可以並聯電阻，降低體系的總電阻。此外學生需要根據工業生產的需要，全面靈活地做「綜合的分析」，比較電解質的價格，反應過程中的多方面作用，並聯多個電極是否影響污水的流動性，是否環保、節能等。思維的結果即方案的形成往往是多種合理而靈活的結論，反映了學生智力的「遷移」，善於從不同的角度與方面思考問題，能較全面地分析問題，解決問題。

(3) 獨創性，即思維活動的創造性。在實踐中，除善於發現問題、思考問題外，更重要的是要創造性地解決問題。本節課學生的獨創性體現在學生對已有化學知識和物理知識、實驗經驗及新問題情境材料高度概括後集中而系統地遷移，進行新穎的組合分析，例如不再拘泥於只用化學知識來解決化學問題，不再拘泥於已有經驗———電解過程中通常只有一個陽極、一個陰極。人類的發展，科學的發展，要有所發明，有所發現，有所創新，這些都離不開思維的獨創性品質。

(4) 批判性和系統性。本節課中，學生思維的批判性和系統性品質主要體現在能動、持續、細緻和系統地思考優化的具體方法，洞悉支持該方法的理由及其進一步指向的結論，如選擇加入何種電解質，何種類型、何種材質的電極，課後比較物理方法、化學方法、生物方法在污水處理上的優勢和缺點等。此外，學生不僅需要結合化學知識和物理知識對問題展開分析，還需要整合工業生產的現實情況進行批判性、系統性的思考和論證。

在教學過程中，啟發學生發現問題，學會分析問題，並根據已有的知識解決當前遇到的問題，是針對學生思維方法和能力的訓練，旨在提升學生的思維品質，鼓勵學生主動打破思想上的束縛，不過分強調改進方案的可行性

和完善性，讓學生大膽地做出假設、提出改進的思路與方法，是科學進步必須向前邁出的一步。

2. 實驗創新

(1) 大膽地引入

「三電極」裝置，增加一個碳棒陽極，不僅減小了體系的電阻，還增加了氧氣的生成量，使亞鐵離子更好地被氧化生成氫氧化鐵絮狀沈澱，起到了更好的凝聚效果，提高了淨水效率。這是實驗裝置改進思路上的一種創新，為學生探究和改進實驗裝置提供了思路。

(2) 將鐵釘改為鐵絲，增加了反應面積，提高了實驗效率。加入電解質，增強溶液導電性，從而減小溶液電阻，提升了反應效率。

(3) 將普通燒杯換成高型燒杯，增強實驗的可視性，污水的淨化效果更加明顯。

(4) 將裝置進行一體化設計，方便學生安裝，同時避免電極位置安裝不當引起的錯誤理解，如電極安裝過低，電極上生成的氣泡會將沈降的污物重新帶入水中，影響淨水的效果。

3. 教學手段創新

(1) 運用教學媒體，師生互動，增強教學的直觀性和學生學習化學的興趣。

(2) 運用學生自主探究實驗增強學生的探究熱情和動手操作能力，提高了教學效率。

附錄：中學化學教學設計案例賞析

國家圖書館出版品預行編目（CIP）資料

化學教學設計：教師能力升等訓練手冊 / 杜楊 主編. -- 第一版.
-- 臺北市：崧燁文化，2019.07
　　面；　公分
POD版

ISBN 978-957-681-892-9(平裝)

1.化學 2.教學設計

340　　　　　　　　　　　　　　　　　　108011289

書　　名：化學教學設計：教師能力升等訓練手冊

作　　者：杜楊 主編

發 行 人：黃振庭

出 版 者：崧燁文化事業有限公司

發 行 者：崧燁文化事業有限公司

E-mail：sonbookservice@gmail.com

粉 絲 頁：　　　　　　網　址：

地　　址：台北市中正區重慶南路一段六十一號八樓 815 室
8F.-815, No.61, Sec. 1, Chongqing S. Rd., Zhongzheng Dist., Taipei City 100, Taiwan (R.O.C.)

電　　話：(02)2370-3310　傳　真：(02) 2370-3210

總 經 銷：紅螞蟻圖書有限公司

地　　址：台北市內湖區舊宗路二段 121 巷 19 號

電　　話：02-2795-3656 傳真：02-2795-4100　　網址：

印　　刷：京峯彩色印刷有限公司（京峰數位）

　　本書版權為西南師範大學出版社所有授權崧博出版事業股份有限公司獨家發行電子書及繁體書繁體字版。若有其他相關權利及授權需求請與本公司聯繫。

定　　價：350 元

發行日期：2019 年 07 月第一版

◎ 本書以 POD 印製發行